CLAIRE RICHTER

Nietzsche

et les

Théories biologiques

contemporaines

DEUXIÈME ÉDITION

PARIS

MERCVRE DE FRANCE

XXVI, RVE DE CONDÉ, XXVI

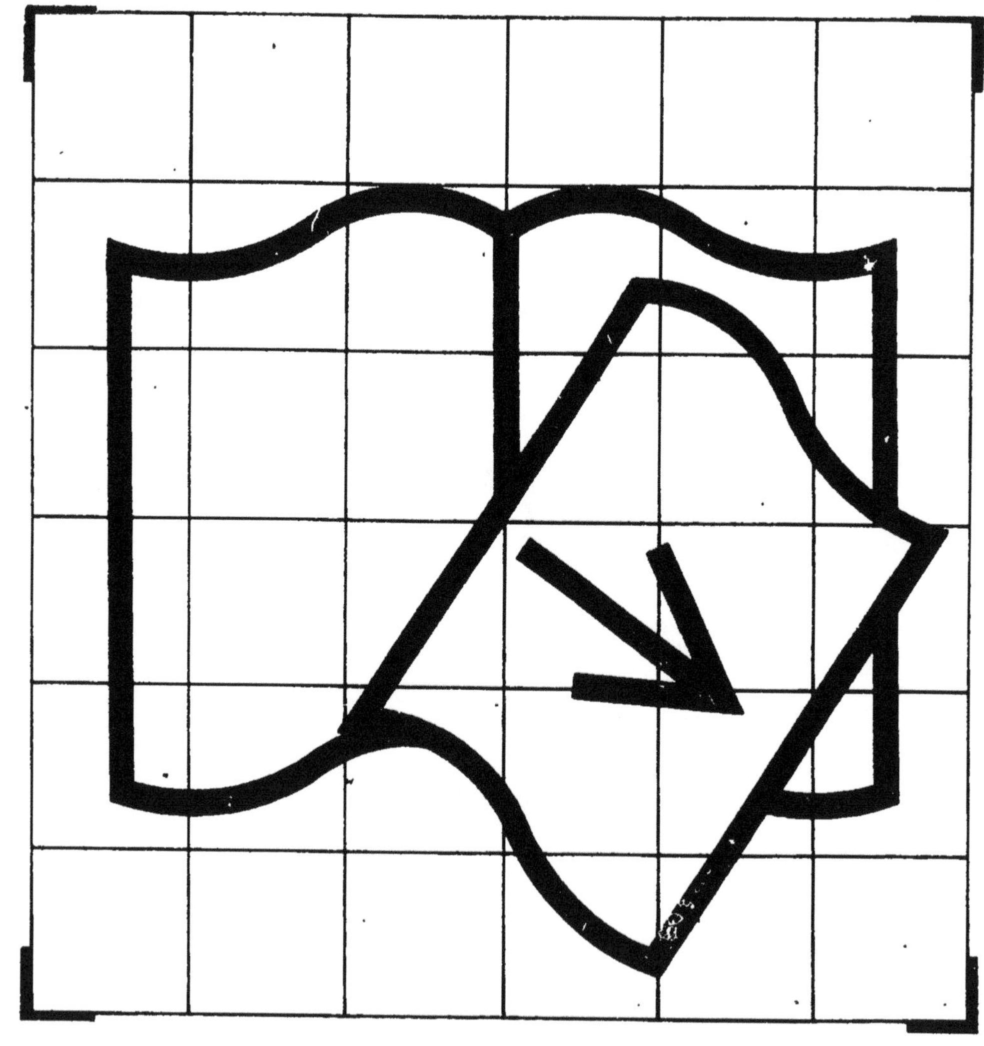

NIETZSCHE

ET LES

THÉORIES BIOLOGIQUES CONTEMPORAINES

CLAIRE RICHTER

Nietzsche

et les Théories biologiques contemporaines

DEUXIÈME ÉDITION

PARIS

MERCVRE DE FRANCE

XXVI, RVE DE CONDÉ, XXVI

MCMXI

JUSTIFICATION DU TIRAGE :

INTRODUCTION

LES LECTURES BIOLOGIQUES
DE NIETZSCHE

La biologie actuelle fait une distinction nette
entre la théorie de la descendance et celle de la
sélection. Elle se rend compte que ces deux théories sont d'une différence telle qu'on peut admettre la première et rejeter la seconde. Elle
sait en outre que la théorie de la descendance
est celle de Lamarck, tandis que ce n'est que
la théorie de la sélection qu'il faut attribuer à
Darwin.

Mais si les biologistes le savent, le grand public continue à appeler darwinisme ce qui n'est
au fond que du lamarckisme, enrichi de la théorie de la sélection, et la plupart des critiques de
Nietzsche, à quelques rares exceptions près, sui-
vent cet exemple, en parlant du darwinisme de
Nietzsche, sans avoir une idée nette de ce que c'est
que le darwinisme. C'est ce que l'étude de la littérature sur Nietzsche, immense d'ailleurs, prouve

toujours à nouveau. Cette impropriété qu'il y a à parler du darwinisme de Nietzsche est une des raisons qui m'ont guidée dans la composition de ce travail.

En outre, j'espère y démontrer que, si nous remontons plusieurs voies qui lient l'œuvre de Nietzsche au passé, nous aboutissons aux idées d'un autre grand philosophe-naturaliste, aux idées de Lamarck. Je ne conteste pas que ces voies ne ressemblent parfois à des sentiers détournés et à demi cachés. Mais il en est de même si l'on cherche les sources darwiniennes de Nietzsche. Il ne tient ni son darwinisme ni son lamarckisme de première main, et même s'il a lu le livre *De la variation des animaux et des plantes sous la domestication* de Darwin, supposition que j'espère appuyer sur une argumentation qui me semble bien liée, cette lecture ne lui a guère fait connaître le darwinisme proprement dit, car c'est précisément l'ouvrage de Darwin le plus imprégné de lamarckisme (1).

(1) Une étude sur *le Lamarckisme de Darwin* est en préparation.

Tous ceux qui l'ont lu savent que Darwin s'y
fait l'interprète éloquent du principe actif de
Lamarck et de la théorie lamarckienne de l'hérédité des caractères acquis, principes qui représentent pour ainsi dire la quintessence du
lamarckisme.

Il y a toutefois cette différence entre les em-
prunts que Nietzsche fait à Darwin et ceux qu'il
fait à Lamarck que Nietzsche a cru les premiers
reconnaissables à tout le monde. Et il a pensé
que la critique contemporaine les exagérait,
témoin le passage fameux sinon poli de son *Ecce
homo* : « D'autres bêtes à cornes savantes à cause
de ce terme (1) m'ont suspecté de darwinisme » (2).
Mais quant à son lamarckisme il ne s'en doute
guère. S'il est darwinien sans le vouloir, on peut
presque dire qu'il est lamarckien sans le savoir.

Ce lamarckisme à demi inconscient de Nietzsche est la seconde raison principale qui m'a
suggéré l'idée de la composition de cet écrit.

(1) Le terme de « Surhumain ».
(2) *Ecce homo*, traduction française, 76.

§

Les opinions des critiques de Nietzsche sur ses études biologiques et ses connaissances en histoire naturelle diffèrent beaucoup. Les uns, comme Ziegler, Riehl, Richter et beaucoup d'autres, sont d'avis que ce côté de sa culture intellectuelle a été négligé, d'autres au contraire, par exemple Tille, soutiennent que ses connaissances en matière de sciences naturelles étaient suffisantes et qu'il a bien connu le darwinisme.

Mais ce qui importe, c'est l'opinion de Nietzsche lui-même à ce sujet. Il ne nous reste aucun doute à cet égard. Pendant sa deuxième période Nietzsche considérait ses connaissances en histoire naturelle comme insuffisantes, ce qui ressort des trois faits suivants : 1° un passage des fragments, où il dit nettement : « Je sais si peu des résultats de la science » (1); 2° sa plainte vis-à-vis d'Overbeck, plainte qui nous a été communiquée par M. Bernoulli (2), « d'être resté si

(1) Nietzsche, *Werke*, Naumann, Leipzig, t. XI, 402.
(2) Bernoulli, *Franz Overbeck und Friedrich Nietzsche*, 1907, I, 243.

ignorant en sciences naturelles, pour avoir gaspillé son temps dans l'étude si vide de la philologie »; 3° son plan, exprimé à plusieurs reprises
en 1882, mais qui malheureusement n'a pas été
réalisé, d'aller pour dix ans à Paris, Vienne ou
Munich, étudier les sciences naturelles.

Pourtant il a essayé de suppléer de son mieux
à cette ignorance en matière de sciences de la
nature. Dans *Ecce homo* (1), il nous révèle
que, depuis sa rupture avec Wagner, il n'a plus
rien fait que de la physiologie, de la médecine
et des sciences naturelles. Cette assertion est
très croyable, car, à part les ouvrages naturalistes plus généraux, étudiés par Nietzsche pendant sa vie errante, ouvrages dont j'aurai particulièrement à m'occuper, sa bibliothèque contient encore aujourd'hui un très grand nombre
d'ouvrages physiologiques, ou d'un caractère
plus général, tels que M. Forter : *Manuel de
la physiologie* (2); Hermann : *Manuel de la*

(1) *Ecce homo*, trad. franç., 109.

(2) M. Forter, *Lehrbuch der Physiolojie*. Les ouvrages faisant aujourd'hui partie de la bibliothèque de Nietzsche je les
citerai d'après l'étiquel : *Bach r u d h*, c *st dat a n*, 1900,

physiologie de l'homme (1) ; W. His : *les Formes de notre corps et le problème physiologique de leur naissance* (2), ou d'autres d'un contenu plus spécial, tels que Letourneau : *la Physiologie des passions*, Mantegazza : *la Physiologie de l'amour et la Physiologie de la jouissance*. Il ne me semble donc pas douteux que Nietzsche n'ait eu une vive curiosité des problèmes physiologiques , curiosité qu'il a satisfaite par des lectures étendues. Vu ce fait, cette science qu'on pourrait, après un jugement superficiel, prendre pour la déesse invulnérable de la dernière époque de sa vie, prend donc, si l'on regarde de plus près, des traits un peu différents. Elle ressemble plutôt à une dernière amie fidèle à laquelle il s'accroche désespérément après le grand écroulement de la plupart de ses convictions, de ses admirations, de ses vénérations.

pp. 427-444, livre qui contient la liste complète de tous les livres de la bibliothèque de N telle qu'elle nous est parvenue.

(1) Hermann, *Grundriss der Physiologie des Menschen.*

(2) W. His, *Unsere Körperformen u. d. physiol. Problem ihrer Entstehg.*

§

Laissant de côté des communications personnelles, Nietzsche a fait la première connaissance
du darwinisme par *Lange : Histoire du maté-
rialisme,* livre qui fait encore aujourd'hui partie de sa bibliothèque. A plusieurs reprises, il
recommande ce livre à son ami, le comte de
Gersdorff, la ore nière fois en septembre 1866,
et une seconde .ois en février 1868 (1), mais ce
n'est que ce .e seconde fois qu'il attire l'attention de son ami sur la partie de cet ouvrage qui
traite des théories de Darwin. Il est même d'avis
qu'on peut, par la lecture de ce livre, « se rensei-
gner complètement sur le mouvement matéria-
liste de nos jours, sur les sciences naturelles
avec ses théories darwiniennes ». Cette assertion ainsi que son admiration pour ce livre en
général va sûrement trop loin, mais en tout cas
l'exposé du darwinisme chez Lange n'est pas
inférieur à la plupart des exposés publiés à cette
époque sur les théories darwiniennes.

(1) *Correspondance,* I, 48, 97.

§

En 1869, Nietzsche fit à Bâle la connaissance de *Rütimeyer*, l'un de ses collègues à l'Université. Ce savant prit dès le début une part assez importante au mouvement darwinien. Ses relations avec Darwin dataient de loin, car déjà en 1859 Darwin montrait un vif intérêt pour les travaux de Rütimeyer sur la faune des habitations lacustres (1). Les relations entre les deux naturalistes étaient très amicales.

Rütimeyer avait surtout une grande admiration pour les deux premiers grands ouvrages de Darwin : *l'Origine des espèces* et *De la variation des animaux et des plantes sous la domestication*. Il appelle ce dernier « un ouvrage dont la critique sera la tâche de la science naturelle tout entière pendant quelques dizaines d'années » (2). Il me semble très probable, sinon certain, que Nietzsche, influencé par l'opinion de Rütimeyer sur cet ouvrage, ait lu *les Animaux*

(1) Rutimeyer, *Gesammelte kleinere Schriften*, I, 214.
(2) *Archiv für Anthropologie*, 1868, p. 139.

et les plantes sous la domestication. Nietzsche a toujours montré un grand intérêt pour les questions d'élevage, et cet intérêt se trahit assez souvent dans ses écrits. Mais il existe en outre une analogie frappante entre un passage des *Variations* et une remarque que Nietzsche fait dans *Morgenröte*. J'aurai à m'occuper de cette analogie dans le sixième chapitre de ce travail.

Rütimeyer fait un éloge beaucoup plus modéré de *la Descendance de l'homme* (1). Il s'abstient de critiquer la tentative darwinienne de créer une psychologie historique, c'est-à-dire d'appliquer la méthode historique au domaine de l'intellect et de la morale de la même manière qu'à des caractères corporels, et à l'égard de la sélection sexuelle, qui occupe une place si considérable dans ce livre, et surtout contre son application trop générale chez Darwin, il a même plusieurs objections très graves à faire.

Ses relations avec Häckel étaient très différentes. Tout en rendant justice à ses travaux purement scientifiques, il lui reproche, dans une

(1) *Archiv für Anthrop.*, 1870, pp. 335-337.

2,

critique mordante (1), d'avoir sacrifié l'exactitude et la méthode scientifique au souci de
rendre accessibles au grand public certains de
ses écrits, tels que *l'Origine et l'arbre généalogique de l'homme* et *l'Histoire de la création
naturelle*. Il va jusqu'à parler d'un « déguisement formel vraiment médiéval, sous lequel se
présentent ces livres », et il ne peut pas s'empêcher de comparer le dernier de ces deux
ouvrages à *Velliamed*, entretiens d'un philosophe indien avec un missionnaire français, 1748,
livre dans lequel une imagination très fertile et
fantastique joue le plus grand rôle.

Enfin il lui fait le reproche, renouvelé par
d'autres il y a quelques années, d'avoir donné le
même cliché sous trois titres différents, comme
embryon du chien, de la poule et de la tortue.
Sa critique aboutit, non sans sévérité, à dire que
de tels procédés « se jouent du public et de la
science ».

Pour Ernst von Baer, qui en 1859 lui rendit
visite à Bâle, Rütimeyer éprouvait une grande

(1) *A. f. A.*, 1868, pp. 301,302.

vénération. Il lui dédia ses *Limiles du règne animal*, 1868 (1), et le considérait comme celui qui avait jeté les bases de l'histoire de l'évolution de l'homme (2).

L'influence de Rütimeyer sur Nietzsche se montre en ce que Nietzsche partageait et son antipathie contre Häckel, qu'il attaque à plusieurs reprises d'une manière très violente et qu'il place beaucoup au-dessous de Rütimeyer (3), et son admiration pour E. v. Baer, qu'il appelle « le grand naturaliste von Baer » (4).

Rütimeyer, quoiqu'il place Darwin bien au-dessus de Lamarck (5), qu'il appelle le « Buffon, c'est-à-dire le représentant prophétique de la théorie de l'évolution » (6), appréciation qui ne rend nullement justice au mérite du grand fondateur du transformisme, est cependant bien plus près de ce dernier que de Darwin. Il estime que la sélection naturelle ne suffit pas à expliquer tout

(1) *Ges. kl. Schr.*, I, 227, 228.
(2) *Ges. kl. Schr*, I, 260.
(3) *W.*, XII, 151.
(4) *W.*, II. 248.
(5) *Ges. kl. Schr.*, II, 376.
(6) *Ges. kl. Schr.*, I, 124.

ce que Darwin voulait tirer d'elle (1). Quant à son opinion sur la lutte pour l'existence, elle n^e me semble pas bien fixée. Dans un passage il la déclare « le seul moyen de perfectionnement des animaux » (2), tandis que dans un autre il dit à l'égard de l'Orang que c'est précisément la lutte pour l'existence qui entrave son développement (3).

Rütimeyer est lamarckien par l'évolutionnisme dont toute son œuvre est imprégnée. Malgré cela, il est croyant comme Lamarck. Il admet l'existence d'un « Dieu qui, en créant l'archétype, a prévu ses modifications possibles » (4).

Il insiste toujours à nouveau sur l'importance du facteur lamarckien de l'adaptation au milieu, et quoiqu'il se montre un peu sceptique à l'égard de l'hérédité des caractères acquis, il déclare l'animal « le produit de deux conditions essentielles : l'hérédité et l'adaptation » (5).

(1) *Ges. kl. Schr.*, II, 381.
(2) *Ges. kl. Schr.*, I, 221.
(3) *Ges. kl. Schr.*, I, 278.
(4) *Ges. kl. Schr.*, I, 59.
(5) *Ges. kl. Schr.*, I, 323.

Nietzsche avait pour Rütimeyer une grande admiration, ce qui est prouvé par le passage déjà cité (1) et par une lettre au comte de Gersdorff (2), où il lui recommande plusieurs écrits de Rütimeyer : *De la mer aux Alpes*, 1854, et *la Population des Alpes*, 1864. Il trouve ce dernier article « tout à fait extraordinaire » et « du plus haut intérêt». La bibliothèque de Nietzsche ne contient, dans son état actuel, qu'un seul ouvrage de Rütimeyer : *les Transformations de la faune suisse depuis l'apparition de l'homme*, 1875, réimprimé dans les *Gesammelte kleinere Schriften* (3). Ce fait n'a d'ailleurs rien d'étonnant, quand on songe à la facilité avec laquelle Nietzsche, pendant son séjour à Bâle, pouvait se procurer les écrits de son collègue, sans être obligé de les acheter. Il est donc très probable que Nietzsche ait lu tous les ouvrages de Rütimeyer, publiés avant et pendant son séjour à Bâle, surtout ceux d'un intérêt plus général.

(1) *W.*, XII. 151.
(2) *Corresp.*, I, 318.
(3) *Ges. kl Schr.*, I, 289 suiv.

Mais quant aux travaux paléontologiques de Rütimeyer, ils étaient sûrement trop spéciaux pour pouvoir attirer son attention. Outre les trois ouvrages déjà mentionnés, il a donc probablement lu *Tâche de l'histoire naturelle*, 1867, *Origine de la faune suisse*, 1867, et avant tout *Limites du règne animal*, 1868, écrit que Rütimeyer appelle une « réflexion sur la doctrine de Darwin ». Tous ces travaux, publiés d'abord dans différentes revues scientifiques, ont été réunis plus tard dans un recueil de deux volumes : *Gesammelte kleinere Schriften*, Basel, 1898. En outre Nietzsche a sûrement lu les critiques de Rütimeyer sur Darwin, Häckel, Wallace, que celui-ci a écrites pour l'*Archiv für Anthropologie*, en 1868, sur Darwin : *De la variation des animaux et des plantes sous la domestication* (1), et sur Häckel : *Origine et arbre généalogique de l'homme* et *Histoire de la création naturelle* (2), en 1870 sur Darwin : *Descendance*

---

(1) *Archiv für Anthropologie*, 1868, pp. 138, 139.
(2) *A. f. A.*, 1868, pp. 301, 302.

de l'homme (1), et Wallace : *Contributions à la théorie de la sélection naturelle* (2).

Outre la lecture des écrits de Rütimeyer, Nietzsche a eu bien évidemment l'occasion de connaître les idées de son collègue par ses relations personnelles avec lui. Surtout les *Dozenten-Spaziergänge*, mentionnées par M. Bernoulli (3), qui réunissaient régulièrement les professeurs des différentes Facultés de l'Université de Bâle, offraient à ceux-ci une occasion favorable d'échanger leurs idées sur toutes les questions importantes d'actualité.

§

Quant à *Ernst von Baer*, que Nietzsche appelle « le grand naturaliste » (4) et dont les écrits se trouvaient alors dans sa bibliothèque (5), il me semble peu probable que Nietzsche, étant donné le caractère très spécial de la plupart des

(1) *A. f. A.*, 1870, pp. 335-337.
(2) *A. f. A.*, 1870, p. 411.
(3) Bernoulli : *Fr. Overbeck u. Fr. N.*, I, 279.
(4) *W.*, II, 248.
(5) *Biographie*, II, 522.

travaux d'E. v. Baer, ait poussé très loin la lecture de ses ouvrages. Mme Förster-Nietzsche exprime, si je ne me trompe, la même supposition quelque part. Mais il est possible que Nietzsche ait lu en 1873 l'article d'E. v. Baer, intitulé : *la Larve des ascidies simples se développe-t-elle dans les premiers temps d'après le type des vertébrés?* Car cette question du chaînon intermédiaire entre les vertébrés et les invertébrés agitait à cette époque tout le monde scientifique. Nietzsche partageait cet intérêt général. Cela ressort du passage de *Zarathoustra* où il parle du chemin que l'humanité a parcouru « du ver jusqu'à l'homme » (1).

§

Mais tout cela n'est du reste que supposition assez vague. Car Nietzsche a trouvé la même question traitée avec assez de détails dans un autre ouvrage qu'il a lu à cette époque, ouvrage paru la même année que l'article d'E. v. Baer ; il l'a trouvée chez Oscar Schmidt : *Descendance*

(1) *W.*, VI, 9.

et darwinisme (1). Nietzsche, à vrai dire, ne cite cet auteur nulle part, mais il l'avait dans sa bibliothèque (2), où il se trouve encore aujourd'hui. En outre, il a lu plusieurs ouvrages, cités par Schmidt dans *Descendance et darwinisme*, par exemple Nägeli : *Origine et définition de l'espèce en histoire naturelle* (3), et Zöllner : *Sur la nature des comètes* (4), livre qu'il a emprunté d'abord à la Bibliothèque de Bâle (5) et qu'il s'est acheté plus tard, puisqu'il fait aujourd'hui partie de sa bibliothèque.

Schmidt partage l'admiration de Nietzsche pour Rütimeyer, dont il cite plusieurs ouvrages : *Contributions à la connaissance des chevaux fossiles* (6) et *De l'origine de la faune*

(1) Oscar Schmidt, *Descendenzlehre und Darwinismus*, traduction franç., 223-226.

(2) *Biogr.*, II, 522.

(3) Cité par Schmidt, p. 136.

(4) Cité par Schmidt, pp. 17 et 139.

(5) Voir l'appendice de la thèse d'Albert Lévy sur *Stirner et Nietzsche*. Liste inédite des livres empruntés par N. à la Bibliothèque de Bâle, 1869-1870.

(6) *Beiträge zur Kenntnis der fossilen Pferde*, cité par Schmidt, p. 67.

suisse (1), ouvrage dont il parle avec beaucoup de détails.

L'ouvrage de Schmidt est un bon exposé du darwinisme, mais il contient aussi les théories principales de Lamarck, celle de l'adaptation au milieu, tant directe qu'indirecte, et celle de l'hérédité des caractères acquis (2). Je considère comme un mérite de la part de Schmidt qu'il ait exposé la pensée de Lamarck sans le déguisement commun des interprètes, en citant beaucoup de passages de la *Philosophie zoologique*. C'est surtout à la théorie lamarckienne fondamentale de l'adaptation fonctionnelle qu'il attribue la plus grande importance (3). Tout comme Lamarck, il parle de la cécité des animaux de cavernes comme conséquence nécessaire du défaut d'usage de l'appareil visuel. Quant à l'hérédité progressive de Lamarck, il l'admet sans restriction (4), et en insistant sur

(1) *Herkunft der Schweizer Tierwelt*, cité par Schmidt, pp. 199 suiv.
(2) Surtout pp. 104-107.
(3) *Descendance et darwinisme*, 160 suiv.
(4) 150.

la nécessité du progrès dans l'évolution (1), il se montre progressiste aussi convaincu que Lamarck lui-même.

En somme, malgré son darwinisme prononcé, il rend justice au « génie de Lamarck » (2).

§

Mais c'est chez un autre auteur que Nietzsche a trouvé un lamarckisme bien plus prononcé. *Nägeli* est un pur lamarckien. La bibliothèque de Nietzsche contient encore aujourd'hui l'ouvrage principal de Nägeli : *Théorie mécanico-physiologique de la théorie de la descendance* (3). Ce gros volume très spécial et peut-être même trop spécial pour Nietzsche n'a évidemment pas eu une grande influence sur lui. Il me paraît même peu probable qu'il l'ait lu tout entier, car une étude approfondie de ce livre, qui donne avec beaucoup de détails la théo-

(1) 165.
(2) 121.
(3) *Mechanisch-physiologische Theorie der Abstammungs-lehre.*

rie de l'idioplasme de Nägeli, aurait sans doute laissé dans l'œuvre de Nietzsche des traces que je me suis efforcée en vain de découvrir.

Nietzsche a lu, en outre, la brochure de Nägeli sur *l'Origine et la définition de l'espèce en histoire naturelle* (1), 1865, probablement par suite de la lecture de *Descendance et darwinisme* de Schmidt. Dans ce petit écrit d'une cinquantaine de pages le lamarckisme de Nägeli se montre partout. Avant tout il y fait une distinction nette entre le darwinisme proprement dit, c'est-à-dire la sélection naturelle, amenée par la lutte pour l'existence, et la théorie de l'évolution avant Darwin, représentée par Lamarck (2). En outre, il y admet non seulement les principes transformateurs de Lamarck, mais encore quelques autres idées essentiellement lamarckiennes, telles que la génération spontanée (3). En vrai disciple de Lamarck il est progressiste, en admettant une tendance innée du monde organique

(1) Biogr., II, 522. *Entstehung und Begriff der naturhistorischen Art.*
(2) *Entstehung u. Begr.*, 16.
(3) *Entst. u. Begr.*, 11 suiv.

vers le progrès (1); car il ne considère pas le principe d'utilité de Darwin, dont il parle d'une manière assez sceptique, comme suffisant pour l'explication de tous les phénomènes de transformation.

Aujourd'hui, où l'on parle tant de la théorie des mutations de De Vries, ce petit écrit a un intérêt tout spécial, car on y trouve quelques passages, où Nägeli admet l'évolution par sauts à côté de l'évolution lente (2). J'aurai à revenir sur ce point avec plus de détails dans le septième chapitre de cet écrit.

§

En 1875, Nietzsche fit la connaissance de *Rée*, darwinien convaincu et fervent (3), et très conséquent dans son évolutionnisme, en l'appliquant à la vie intellectuelle et morale. Que le darwinisme de Rée ait frappé Nietzsche, moins peut-être par la lecture de ses écrits que par ses

(1) 28 suiv.
(2) 29, 30.
(3) *Ursprung der moralischen Empfindungen*, VII.

3.

relations personnelles avec lui, surtout pendant leur séjour commun chez Malwida von Meysenbug à Sorrente, c'est ce qui ressort du passage où Nietzsche constate que Rée avait lu Darwin (1). Ajoutons d'ailleurs qu'il avait aussi lu Lamarck (2).

Rée connaissait en outre très bien Spencer et Mill. C'est donc probablement par lui que l'attention de Nietzsche a été attirée avec plus d'intensité sur les philosophes anglais modernes, quoiqu'il les ait peut-être lus auparavant (3).

§

C'est donc vers cette époque que Nietzsche a probablement approfondi ses études de *Spencer*. Aujourd'hui la bibliothèque de Nietzsche ne contient que deux de ses ouvrages : *les Bases de la morale évolutionniste* et l'*Introduction à la science sociale* (4).

(1) *W.*, VII, 295.
(2) *Ursprung*, 127.
(3) *Biogr.*, II, 524.
(4) *Data of Ethics* et *Study of Sociology*, dans la traduction allemande.

Selle, dans sa dissertation sur *Herbert Spencer und Friedrich Nietzsche*, prétend que Nietzsche ne connaît Spencer que comme sociologue et moraliste. Mais ne savons-nous pas que toute l'œuvre de Spencer est imprégnée de son biologisme ? Le connaître comme sociologue c'est donc le connaître comme biologiste, fait qui d'ailleurs, en admettant que Nietzsche n'ait lu que ces deux ouvrages de Spencer, n'a pas échappé à Nietzsche, car il le prend assez souvent par l'aspect biologique (1).

Malgré le peu de sympathie que Nietzsche montre pour le philosophe anglais, — les *Data of Ethics* ne sont pour lui qu'un « composé de bêtise et de darwinisme » (2), — malgré cette aversion prononcée, qui a fait la joie de Brandes (2), l'influence de Spencer sur Nietzsche me paraît incontestable. Comme Spencer, Nietzsche fonde sa sociologie et sa morale sur la biologie. Quant aux autres analogies entre les deux philosophes, elles se rapportent principalement au

(1) XII, 53, 97 ; XIV, 18 ; XV, 210.
(2) *W.*, XIII, 110.
(3) *Corresp.*, III, 1, 278.

côté darwinien de la philosophie de Spencer. Surtout en ce qui concerne l'élimination des faibles, des dégénérés, Spencer insiste sur la nécessité de cette élimination presque avec la même âpreté que Nietzsche. C'est du reste une idée dont Spencer est le vrai père, quoiqu'on se soit habitué à attribuer cette paternité à Darwin. Spencer a exprimé cette idée longtemps avant la publication de *l'Origine des espèces* en 1850 dans *Social Statics* et dans la *Revue de Westminster* d'avril 1852. Si donc Nietzsche parle si souvent avec la passion et l'ardeur d'un Jochanaan de la nécessité d'éliminer les membres dégénérés de l'humanité, il marche sur les véritables traces de Spencer. J'aurai à revenir sur ce point dans mon cinquième chapitre.

Quant au lamarckisme de Spencer, côté très prononcé de sa philosophie, il se manifeste partout dans les ouvrages cités. Ces deux écrits contiennent des passages nombreux, où il parle de l'adaptation tant directe que fonctionnelle (1)

(1) *Introduction à la science sociale*, 364, 371-375, 379. *Les Bases de la morale évolutionniste*, 15, 70, 76.

et d'autres non moins nombreux, où il admet l'hérédité des caractères acquis (1). Mais malgré cela l'influence des théories lamarckiennes sur Nietzsche par l'intermédiaire de Spencer est beaucoup moins évidente que celle de l'aspect darwinien de la philosophie de Spencer.

§

Le premier des ouvrages biologiques que Nietzsche ait lu pendant sa vie errante a probablement été Schneider : *la Volonté animale,* 1880 (2).

Schneider, dans cet ouvrage, se montre disciple fervent de Häckel, et parfois son admiration ne connaît pas de limite (3). Appeler les écrits de Häckel des ouvrages immortels, c'est, à coup sûr, un jugement un peu prématuré. Cette admiration ardente de Schneider pour Häckel n'a guère dû trouver d'écho dans Nietzsche.

(1) *Introduction,* 210, 362 ; *Bases,* 165, 166.
(2) G. H. Schneider, *Der tierische Wille,* W., XIII, 367.
(3) *Der tierische Wille,* 35.

Comme Nägeli, Schneider fait une distinction nette entre la théorie de la descendance de Lamarck et celle de la sélection de Darwin (1). Mais quoiqu'il admette les principes lamarckiens de l'adaptation, tant active que passive (2) et l'hérédité des caractères acquis (3), tout en insistant, comme d'ailleurs Lamarck lui-même, sur l'acquisition extrêmement lente de ces caractères (4), son lamarckisme est beaucoup moins prononcé que son darwinisme. La lutte pour l'existence est déclarée par lui « cause unique de tout le développement intellectuel sur notre terre » (5) et la détresse est pour lui « le mobile tout-puissant de l'évolution intellectuelle de tous les animaux » (6). Par là il se montre l'antipode d'un autre auteur biologiste que Nietzsche a lu, l'antipode de Rolph, dont j'aurai à m'occuper tout à l'heure.

(1) *Der tierische Wille*, 10.
(2) 42.
(3) 118, 119, 415.
(4) 29, 30, 259.
(5) 3.
(6) 425.

Comme Darwin dans *la Descendance de l'homme*, Schneider applique le principe de sélection à la vie intellectuelle et morale. Cette application de la théorie de la sélection aux phénomènes intellectuels, aux phénomènes de sentiment et de volonté (1), est comme le fil conducteur qui traverse ce livre tout entier. Schneider y admet en outre la théorie darwinienne de la sélection sexuelle (2).

C'est probablement par suite de la lecture de *la Volonté animale* que Nietzsche s'est procuré Espinas : *les Sociétés animales*. Cet ouvrage, dont Schneider parle très souvent avec des critiques assez sévères, fait encore aujourd'hui partie de la bibliothèque de Nietzsche.

En somme, la lecture de cet ouvrage de Schneider doit avoir provoqué chez Nietzsche plus d'objections que d'acquiescements, surtout à cause du rôle si important que Schneider attribue à la lutte pour l'existence comme facteur évolutif.

(1) 387.
(2) 253.

Il y a pourtant une analogie à constater.
Schneider insiste dans ce livre sur la valeur
d'une philosophie de la volonté, (1) et c'est précisément cette philosophi. qui représente le
point culminant des idées de Nietzsche pendant
sa dernière période.

Et malgré les objections nombreuses que Nietzsche avait sûrement à faire à Schneider, il a sans
doute lu ce livre avec un grand intérêt. Sans cela
il ne se serait guère procuré l'ouvrage complé-
mentaire de *la Volonté animale*, déjà annoncé
par l'auteur dans ce livre. Ce deuxième ouvrage
est intitulé : *la Volonté humaine*, et a paru en
1882. Comme le premier il fait encore aujour-
d'hui partie de la bibliothèque de Nietzsche.

Schneider prend ici le terme de volonté dans
son sens le plus vaste, comme « évolution des
actions humaines ». Ce livre est comme une
combinaison de lamarckisme et de darwinisme.
Peut-on s'exprimer d'une manière plus lamarckienne que dans la phrase suivante : « Toute
l'évolution de l'humanité est une suite d'adap-

(1) 3.

tations » (1). Son darwinisme se montre surtout dans le VIe chapitre, où il parle de la sélection des actions, et son häckelisme lui fait consacrer un chapitre tout entier à la loi biogénétique de Häckel qu'il admet sans réserve (2).

La deuxième partie de ce livre (3) traite des actions instinctives, auxquelles Schneider attribue une très grande importance dans la vie cérébrale. Ici l'influence de Schneider sur Nietzsche, chez lequel, pendant sa deuxième et sa troisième période, la vie instinctive joue un rôle de plus en plus important, me semble incontestable. Il y a, au contraire, plein désaccord entre Nietzsche et Schneider à l'égard de la définition spencérienne du bien conçu comme utile à la conservation de l'espèce. Cette définition satisfait Schneider (4), mais ne peut pas satisfaire Nietzsche. J'aurai l'occasion de revenir sur ce point dans le cinquième chapitre de cet écrit.

(1) *Der menschliche Wille*, 78.
(2) VIIe chapitre.
(3) 2e partie, 108-247.
(4) *Der menschliche Wille*, 375.

§

C'est à peu près à la même époque que Nietzsche a lu Wilh. Roux: *la Lutte des parties dans l'organisme*, 1881 (1). Ce livre, on pourrait l'appeler avec encore plus de raison que *la Volonté humaine* de Schneider une combinaison de lamarckisme et de darwinisme.

Roux admet la théorie lamarckienne par excellence, celle de l'adaptation active. Toute la première partie de son ouvrage traite de ce facteur lamarckien, appelé par Roux, qui suit en cela l'exemple de Spencer, adaptation fonctionnelle. De même il est partisan de la théorie de l'hérédité des caractères acquis, tout en insistant comme Schneider sur l'acquisition extrêmement lente de ces caractères (2).

Mais son lamarckisme n'empêche pas qu'il n'admette le principe de lutte et de sélection de Darwin. La seconde partie de son livre traite

(1) W. Roux, *Der Kampf der Teile im Organismus*, W., XIII, 367.

(2) *Kampf der Teile*, 35.

de la lutte des parties. Par là il applique ce principe à la vie intra-corporelle, histonale et intra-cellulaire. Si donc il est lamarckien par la première partie, il se montre darwinien par la seconde, mais c'est un darwinisme élargi.

L'influence de la lecture de ce livre sur Nietzsche se montre à plusieurs reprises, et j'espère le démontrer dans le quatrième chapitre de ce travail.

§

Peut-être avant, peut-être après Roux, Nietzsche a lu un autre ouvrage biologique qui a eu la plus grande influence sur lui : Rolph, *Problèmes biologiques*, 1881. Dans une lettre à sa sœur il l'appelle un bon livre (1). Mais ce n'est que la polémique de Rolph contre Spencer *Data of Ethics*, qui, à son avis, fait la valeur du livre. La polémique à part, il trouve que cet ouvrage ne contient rien qui mérite d'être loué (2).

Mais malgré ce jugement défavorable, les

(1) *Biogr.*, II, 541.
(2) *W.*, XIII, 110.

passages où se montre l'influence de Rolph sur Nietzsche d'une manière tout à fait incontestable sont nombreux. Aussi bien cette influence a-t-elle déjà été constatée par Tille (1) et Riehl (2).

Rolph est lamarckien, car il admet l'adaptation au milieu, tant active (3) que passive (4), et l'hérédité des caractères acquis (5). Il insiste à plusieurs reprises sur la lutte directe au sens lamarckien, c'est-à-dire la lutte contre des circonstances de vie défavorables, telles que les intempéries du climat, les maladies, les ennemis directs (6).

Anti-darwinien, il se déclare contre la lutte pour l'existence, qu'il appelle le « principe malthusien de détresse et de famine » (7), et qu'il ne considère pas comme facteur évolutif. Contrairement à Darwin, il est d'avis que la détresse

(1) Al. Tille, *Von Darwin bis Nietzsche*, 221 suiv.
(2) Al. Riehl., *Fr. Nietzsche*, 97.
(3) Rolph, *Biologische Probleme*, 112.
(4) 76.
(5) 105, 203.
(6) 83, 114.
(7) 75, 86.

amène la fixation, la diminution et même l'extinction de l'espèce (1).

Pour démontrer que la lutte pour l'existence ne peut pas être la cause principale de l'évolution organique, il insiste sur le manque absolu de lutte chez les premiers organismes par suite d'une surabondance de nourriture et d'un manque complet de concurrents (2).

C'est pourquoi il remplace le principe de lutte de Darwin par son propre principe de prospérité : la détresse est l'exception, la prospérité est la règle (3), et ce ne sont que des périodes de prospérité qui favorisent la formation des variétés et des espèces (4).

La lutte pour la simple conservation de la vie il la remplace par la lutte pour l'augmentation de la vie (5). C'est la lutte pour se faire valoir, pour se distinguer. Ici Rolph se rencontre avec Rée, qui parle également d'une lutte pour le

(1) 114, 2.
(2) 75.
(3) 114, 5.
(4) 114, 4.
(5) 97.

« plus » (1) et du désir de se distinguer comme cause de la lutte (2).

Enfin en insistant sur la formation de nouvelles espèces pendant une période de prospérité et en démontrant l'analogie qui existe entre la variabilité intense des animaux à l'état de prospérité et l'apparition brusque d'un grand nombre de variétés et de monstruosités chez les animaux et les plantes sous la domestication (3), il s'approche de De Vries. Il ne fallait qu'insister un peu davantage sur l'apparition soudaine de ces nouvelles espèces pour se trouver aux côtés du botaniste hollandais. Les analogies entre Rolph et Nietzsche sont extrêmement nombreuses. Ce sera surtout le quatrième chapitre qui me donnera l'occasion de le démontrer.

§

Dans le second volume de la Biographie, Mme Förster-Nietzsche cite plusieurs lettres d'un

(1) Rée, *Ursprung d. moralischen Empfindigen*, 12.
(2) Rée, *Ursprung*, 14.
(3) Rolph, Biolog. Probl., 75.

Dr Paneth, datant de l'hiver 1883-84. Dans ces lettres, Paneth raconte à différentes reprises qu'il a eu avec Nietzsche des conversations sur Galton (1), et dans une de ces lettres, datée du 15 février 1884,on apprend que Nietzsche a emprunté cet auteur au Dr Paneth. Il y a donc lieu de se demander quel ouvrage de Galton il a emprunté. Il ne nous reste guère de doute à cet égard. D'un passage d'une autre lettre, datée du sept mars 1884, il ressort que c'était *Inquiries into human faculty and its development*, paru en 1883. Dans ce passage le Dr Paneth raconte que Nietzsche avait mentionné un fait, cité par Galton, le fait que les idiots éprouvent quelquefois les douleurs comme agréables.Or, un pareil passage se trouve dans *Inquiries*, p. 28. En outre et à part le fait que cet ouvrage de Galton, que Nietzsche doit s'être procuré plus tard, fait encore aujourd'hui partie de sa bibliothèque, il y a encore une analogie frappante à constater entre une idée de Galton qu'il exprime dans

(1) *Biogr.*, II, 482, 490, 491, 493.

Inquiries et une des idées dominantes de Nietzsche pendant sa dernière période.

On sait que les considérations et les réflexions sur les instincts grégaires occupent une place considérable dans les derniers ouvrages de Nietzsche. Mais ces instincts grégaires jouent un rôle non moins important dans *Inquiries*. Galton y dit : « Nous avons hérité des instincts grégaires et des aptitudes serviles qui ont été nécessaires dans des circonstances passées » (1). Il parle longuement des animaux grégaires (2), et tout comme Nietzsche (3) il fait des instincts grégaires une large application à l'humanité (4).

§

En résumé, si l'on compare le rôle que les théories lamarckiennes et darwiniennes jouent chez les biologistes que Nietzsche a lus, on constate que le rôle du lamarckisme équivaut au moins à celui du darwinisme.

(1) *Inquiries*, 69.
(2) 70.
(3) W., XII, 45; XIV, 67 ; VII, 134.
(4) *Inquiries*, 79, 80.

L'influence indirecte de Lamarck sur Nietzsche
a donc été au moins aussi importante, sinon plus
importante, que celle de Darwin. C'est ce que
j'espère démontrer en détail par les chapitres
suivants.

4.

I

L'ÉVOLUTIONNISME DE NIETZSCHE
LA THÉORIE DE LA DESCENDANCE

La question de l'évolution de la matière, organique ou inorganique, a occupé l'esprit de Nietzsche d'assez bonne heure. Elève à la Fürstenschule de Pforta il se demande déjà, dans un discours intitulé *Fatalité et histoire*, printemps 1862 : « L'homme n'est-il pas l'évolution de la pierre à travers la plante, l'animal? » (1) Etudiant et peu après professeur de philologie à Bâle, il a trouvé l'évolutionnisme en germe chez un des philosophes grecs, chez Héraclite. Je n'ai pas à insister sur ce point, l'influence d'Héraclite sur Nietzsche et les analogies entre ies deux philosophes étant déjà démontrées par Richard Oehler (2).

Que ce soit précisément l'évolutionnisme

(1) *Biogr.*, I, 315.
(2) Oehler, *Fr. Nietzsche und die Vorsokratiker*, 62 suiv., 123 suiv.

d'Héraclite qui l'ait frappé le plus dans sa philosophie, c'est ce qui ressort du fait que la fameuse sentence d'Héraclite : « On ne descend pas deux fois dans le même fleuve », revient à plusieurs reprises dans l'œuvre de Nietzsche (1).

Comme tant d'autres, Schneider par exemple (2), Nietzsche constate l'analogie entre les idées d'Héraclite et d'Empédocle et la théorie moderne de l'évolution (3).

Son intérêt pour cette grande question est sans doute devenu de plus en plus vif à mesure qu'il a approfondi son étude des sciences naturelles. Cet intérêt est attesté par le fait que la bibliothèque de Nietzsche, dans son état actuel, contient deux ouvrages qui ne traitent que de cette question : L. Jakoby, *l'Idée de l'évolution*, et Despretz, *l'Évolution naturaliste*.

Déjà dans la deuxième des *Unzeitgemässen*, il fait sienne cette idée. Il y dit : « Les idées du devenir souverain, de la fluidité de toutes les con-

----

(1) *W.*, III, 121 ; X, 28.
(2) Schneider, *Der tierische Wille*, 31.
(3) *W.*, XIII, 10.

ceptions, de tous les types et de toutes les espèces, de l'absence de toute diversité entre l'homme
et la bête — doctrines que je tiens pour vraies,
mais pour mortelles » (1). Et dans le passage des
fragments déjà cité, il s'exprime d'une manière
qui ne laisse aucun doute sur son opinion à cet
égard ; il y affirme : « Nous ne croyons qu'à
l'évolution » (2).

Par son évolutionnisme, il s'est mis en opposition avec Schopenhauer, à qui il reproche de
considérer l'évolution comme une simple appa-
rence et d'appeler la pensée de Lamarck une
« erreur géniale et absurde » (3). A ses yeux,
les vrais fondateurs de la théorie de l'évolution
sont Lamarck et Hegel (4), et c'est surtout ce
dernier, qu'il considère comme le véritable père
de l'évolutionnisme et le précurseur de Darwin.
« Sans Hegel, point de Darwin (5). »

Nietzsche considère du reste l'évolutionnisme

(1) *W.*, I, 3C6.
(2) *W.*, XIII, 10.
(3) *W.*, V, 131 ; II, 226.
(4) *W.*, XIII, 10.
(5) *W.*, V, 300.

comme signe de l'homme cultivé, tandis qu'il constate chez l'homme d'une culture peu développée une croyance très enracinée en une stabilité tant sociale et morale que géologique — stabilité des opinions, des mœurs ainsi qu'une stabilité des frontières, des pays, des mers, des montagnes, etc. (1). Or, c'est bien là une observation que l'expérience confirme tous les jours.

(1) W., XI, 39.

NIETZSCHE ET LE PRINCIPE LAMARCKIEN
DE PERFECTIONNEMENT

Parmi les biologistes que Nietzsche a lus, il y
en a plusieurs qui se montrent progressistes, tels
que Roux (1), Schmidt (2), Spencer (3), et surtout
Nägeli (4), qui est un des partisans les plus convaincus de la doctrine du progrès. En outre, un
des auteurs favoris de Nietzsche (5), Emerson,
révèle son progressisme précisément dans l'ouvrage dont l'influence sur Nietzsche est incontestable, ouvrage qui fait encore aujourd'hui
partie de sa bibliothèque. C'est dans l'essai sur

(1) *Kampf der Teile*, 3.
(2) *Descendance et darwinisme*, 165.
(3) *Introduction à la science sociale*, 127.
(4) *Entstehung u. Begr.*, 28 suiv.
(5) *W.*, XII, 150; VIII, 127.

la « Fatalité », dans *Conduct of Life* (1), que le progressisme d'Emerson se manifeste avec toute évidence. Cet essai est d'ailleurs très intéressant à beaucoup de points de vue, si l'on cherche les fils qui relient la philosophie de Nietzsche au passé.

Si, malgré tout, et tout en admettant la possibilité du progrès (2), Nietzsche en nie avec beaucoup d'énergie la nécessité, il faut supposer que cette doctrine allait foncièrement contre sa nature. Les passages anti-progressistes sont si nombreux qu'on n'a que l'embarras du choix. Déjà pendant la deuxième phase de sa vie littéraire, il dit dans le passage cité un peu plus haut (3) : « Il est presque insensé de croire que le progrès doive se faire nécessairement. » Plus tard ses protestations contre la théorie de perfectionnement deviennent plus nombreuses. Il constate que « les espèces ne croissent point dans la perfection » (4). Surtout « l'humanité ne re-

(1) *Les Lois de la vie*, 47.
(2) *W*., II, 41, 42.
(3) *W*., II, 41, 42.
(4) *W*., VIII, 128.

présente pas un développement vers le mieux,
vers quelque chose de plus fort, de plus haut,
ainsi qu'on le pense aujourd'hui. Le « progrès »
n'est qu'une idée moderne, c'est-à-dire une
idée fausse » (1). Donc « se développer ne signi-
fie pas nécessairement s'élever, se surhausser,
se fortifier » (2). La même idée revient dans *la
Volonté de puissance*, où Nietzsche déclare que
« le monde animal et végétal, dans son ensemble, ne se développe pas de l'inférieur au supérieur » (3). Sa critique de cette théorie se fait
mordante à la fin. « Prétendre que les espèces
présentent un progrès, c'est l'affirmation la plus
déraisonnable du monde » (4). Et son jugement
final : « Tout fondement manque à cette théorie » (5).

Par là il se met, sans le savoir, en opposition
diamétrale avec Lamarck, bien que, en attaquant
le progressisme, il se croit anti-darwinien.

(1) *W.*, VIII, 219.
(2) *W.*, VIII, 219.
(3) *W.*, XV, 344.
(4) *W.*, XV, 347.
(5) *W.*, XV, 344.

L'ORIGINE DES ORGANISMES

Le problème de l'organique était déjà une des idées dominantes de Nietzsche, lorsqu'il était encore étudiant à Leipzig. Cela ressort d'une lettre à son ami, le comte de Gersdorff, où il lui apprend qu'il prépare une dissertation : « La définition de l'organique depuis Kant », à demi philosophique, à demi naturaliste, et que ses travaux préliminaires sont presque achevés (1). Ce travail n'a jamais été terminé, mais l'intérêt de Nietzsche pour la question n'a pas disparu. La preuve en est que sa bibliothèque contient un ouvrage qui traite tout particulièrement de cette question, celui de Delbœuf sur *la Matière brute et la matière vivante.*

(1) *Correspondance*, I, 101.

Contrairement à Nägeli (1) et à Schneider (2) qui, d'accord avec Lamarck, admettent la génération spontanée, c'est-à-dire l'hypothèse que la matière organique a pris naissance dans la matière inorganique, Nietzsche nie à plusieurs reprises la nécessité d'attribuer à l'organique un commencement (3).Il dit : « J'admettrais plutôt qu'il y a toujours eu des organismes » (4). Mais comment se représente-t-il cette « vie éternelle »? Croit-il, comme les panspermistes, que tout l'univers est rempli de germes vivants? Il ne dit rien à ce sujet.

Cette croyance de Nietzsche en une existence éternelle du monde organique s'accorde assez mal avec le fait que, pendant sa première période, probablement par suite de la lecture de Schmidt (5), il admet comme celui-ci l'existence du fameux Bathybius Häckelii et n'hésite pas à considérer comme ancêtre de l'humanité

(1) *Entstehung n. Begriff*, pp. 11 suiv.
(2) *Der tierische Wille*, 34, 140.
(3) *W.*, XIII, 232, XIV, 35.
(4) *W.*, XIII, 231.
(5) *Descendance et darwinisme*, 20.

ce mucus vivant (1), dans lequel on avait cru
avoir trouvé le chaînon intermédiaire longtemps
cherché entre l'organique et l'inorganique, mais
dont la non-existence a été prouvée un peu plus
tard.

(1) W., I, 359.

LA LOI BIOGÉNÉTIQUE DE FRITZ MÜLLER
ET DE HÄCKEL

Comme Schmidt (1) et Schneider, qui consacre à cette question un chapitre entier de sa *Volonté humaine* (2) et qui admet cette loi sans réserve, Nietzsche croit également que l'évolution ontogénétique est la récapitulation abrégée de la phylogenèse d'un animal. Il parle du « développement de la cellule reproductrice, qui porte en elle, dans une forme abrégée, le passé tout entier » (3), car « chaque cellule est l'héritière de tout le passé organique » (4).

Mais d'accord avec Roux (5) et influencé sans doute par la critique de Rütimeyer, qui,

(1) *Descendance*, 172.
(2) VIIe chapitre.
(3) *W.*, XIII, 58.
(4) *W.*, XIII, 231.
(5) *Kampf der Teile*, 57.

comme je l'ai déjà dit, condamne d'une façon très sévère la manière d'agir de Häckel, il déclare que c'est absurde de considérer deux embryons comme égaux (1).

La question si controversée de l'Amphioxus, chaînon intermédiaire entre vertébrés et invertébrés, a laissé une trace dans l'œuvre de Nietzsche. Cette question lui était devenue familière par Schmidt (2) et peut-être aussi par l'article déjà mentionné d'E. von Baer, qui d'ailleurs se montre adversaire de Kowalevsky, dont il n'admet pas les conclusions. Baer déclarait en effet que Kowalevsky et les autres savants qui ont vérifié ses observations ont confondu le côté dorsal et le côté ventral de l'animal. Nietzsche au contraire se range à côté de ceux qui admettent la justesse des observations et des conclusions du savant russe. Dans *Zarathoustra*, il parle du chemin que l'humanité a parcouru « du ver jusqu'à l'homme » (3).

(1) *W.*, XIII, 232.
(2) *Descendance*, 223 suiv.
(3) *W.*, VI, 9.

NIETZSCHE : ADVERSAIRE DU POINT DE VUE
ANTHROPOCENTRIQUE

Nietzsche s'exprime à différentes reprises contre le point de vue si étroit qui considère l'univers tout entier comme une espèce de décor où apparaît finalement l'homme(1). Peu à peu, malgré sa vanité, l'homme s'est aperçu qu'il ne forme pas du tout le centre du monde. «Depuis Copernic il semble que l'homme soit arrivé à une pente descendante. — Il roule toujours plus loin du centre qu'il occupait jadis » (2). Signe de son intelligence, plus développée aujourd'hui, il s'est habitué enfin à abandonner ce point de vue anthropocentrique si ridicule ; il s'est

(1) *W.*, III, 200.
(2) *W.*, VII, 474.

replacé parmi les animaux (1). Maintenant il n'est donc plus que le dernier échelon de l'échelle animale, et « l'histoire de l'homme n'est plus autre chose que la continuation de l'histoire des animaux et des plantes » (2). Il comprend qu'il est un animal sans métaphore, sans restriction, ni réserve (3), qu'« il n'est qu'une petite espèce animale surexcitée qui — heureusement — a son temps » (4).

(1) *W.*, VIII, 229.
(2) *W.*, I, 359.
(3) *W.*, VII, 474.
(4) *W.*, XV, 174.

LA DESCENDANCE SIMIESQUE DE L'HOMME

L'origine de l'homme est une question qui a beaucoup agité l'esprit de l'humanité depuis qu'elle pense. Aujourd'hui la parenté de l'homme avec le singe anthropoïde est généralement admise, mais on a tort, comme l'on fait d'ordinaire, d'attribuer cette théorie à Darwin, car Lamarck a déjà exprimé la même idée avec une netteté qui ne laisse rien à désirer (1). En considérant donc la théorie de la descendance simiesque de l'homme comme une doctrine lamarckienne, on ne fait rien de plus que de rendre justice au philosophe-naturaliste français.

D'accord avec Rütimeyer (2) et Schmidt (3),

(1) *Philosophie zoologique*, I, 339 suiv.
(2) *Ges. kl. Schriften*, I, 260 suiv. *Grenzen des Tierreichs.*
(3) *Descendance*, 251 suiv.

qui insiste d'ailleurs beaucoup sur le point que notre parenté avec le singe ne doit pas être considérée comme une descendance directe, mais que le singe anthropoïde actuel et l'homme ne sont que deux branches divergentes d'une même souche, d'un ancêtre commun (1), Nietzsche se montre partisan de cette théorie. Quoique, dans un passage des fragments, il constate en plaisantant que « les singes ont le caractère trop doux pour que l'homme puisse en être le descendant » (2), dans *Zarathoustra* il ne nous laisse aucun doute à cet égard (3).

Mais ce qui est tout à fait inconciliable avec un évolutionnisme scientifiquement bien fondé et en contradiction diamétrale avec Schmidt, qui démontre toute l'absurdité d'admettre la possibilité d'un retour à l'état primitif ou inversement d'une ascension du singe à l'état d'homme (4), ce sont deux passages dans l'œuvre de Nietzsche, où il admet les deux cas. Dans

(1) *Descendance*, 260.
(2) *W.*, XIII, 276.
(3) *W.*, VI, 9.
(4) *Descendance*, 260.

un aphorisme des fragments, où il appelle le dix-neuvième siècle le siècle des expériences et où il conseille d'organiser des essais sur une grande échelle et pour des milliers d'années, afin de vérifier les assertions de Darwin et pour démontrer expérimentalement que les organismes supérieurs naissent par transformation des organismes inférieurs, il pose sérieusement le problème d'élever des singes à l'état de l'homme (1), et dans un aphorisme de *Menschliches, Allzumenschliches,* il compte avec la possibilité que l'homme puisse redevenir singe (2). Peut-être ce dernier aphorisme sur la « Marche circulaire de l'humanité » est-il une anticipation de la doctrine qui peu à peu finit par dominer toute la philosophie. de sa dernière période, peut-être est-il un passage précurseur du « retour éternel ».

(1) *W.*, XII, 114.
(2) *W.*, II, 232.

L'ÉVOLUTION INTELLECTUELLE ET MORALE

Le vif intérêt de Nietzsche pour la question de l'activité cérébrale ressort du fait que sa bibliothèque contient plusieurs ouvrages qui traitent de cette question, tels que Ch. Richet : *l'Homme et l'intelligence*, et Alexandre Herzen : *le Cerveau et l'activité cérébrale au point de vue psycho-physiologique.*

Marchant sur les traces de Darwin, Rée et Schneider appliquent la théorie de l'évolution à la vie intellectuelle et morale. Surtout Schneider insiste beaucoup sur la transformation des phénomènes mentaux et sur la nécessité d'une psychologie comparée. Et quant au côté moral, Rolph est même d'avis qu'on pourrait écrire

« une histoire naturelle ontogénétique et phylo-
génétique des vertus et des vices » (1).

Chez Nietzsche, cet évolutionnisme mental et
moral porte un caractère très prononcé. On en
trouve déjà des traces pendant sa première période, où il constate le manque d'une différence
essentielle entre l'homme et l'animal (2). Mais
c'est surtout pendant la deuxième et la troisième
phase de sa vie littéraire que cette idée devient
dominante. Il applique maintenant la sentence
d'Héraclite : « On ne descend pas deux fois
dans le même fleuve » à la vie mentale (3) et
parle de l'évolution de la faculté de connaître,
de percevoir (4). Il est d'avis que « l'intellect
aussi prend son origine dans des commence-
ments très modestes, qu'il est, lui aussi, devenu » (5), et que « l'esprit lui-même n'est, en
fin de compte, qu'une forme dans l'évolution
de la matière » (6).

(1) *Biologische Probleme*, 210.
(2) *W.*, I, 367.
(3) *W.*, III, 121.
(4) *W.*, II, 34, 35.
(5) *W.*, XIII, 232.
(6) *Ecce homo*, trad. franç., 48.

Il n'est donc pas étonnant que l'esprit, soumis aux mêmes lois que toute la matière tant organique qu'inorganique, ne reste jamais dans un état de stabilité absolue, mais se transforme continuellement, soit d'une manière relativement lente, soit d'une façon plus rapide. Le dernier cas est celui de Zarathoustra, auquel quelqu'un faisait le reproche : « Tu contredis aujourd'hui ce que tu as enseigné hier », et Zarathoustra a raison de répondre : « Mais tu sais bien qu'hier n'est pas aujourd'hui » (1). Donc outre l'évolution intellectuelle de l'humanité tout entière il y a une transformation incessante de la mentalité individuelle.

Comme Rée, qui suit les traces de Lamarck (2), et Schneider, qui s'oppose par là à Hartmann (3) et qui consacre à cette question toute une section de sa *Volonté humaine*, Nietzsche admet l'évolution des instincts (4).

Il y a ici une analogie frappante à constater

(1) *W.*, XII, 178.
(2) *Ursprung*, 127. Rée cite *Philos. zool.*, II, 291.
(3) *Der tierische Wille*, 133.
(4) *W.*, XIII, 257.

entre Schneider et Nietzsche. Comme Schneider qui voit dans l'instinct de se procurer de la nourriture et de se protéger contre des ennemis la base de toute la vie animale (1), Nietzsche émet l'opinion que même nos vertus les plus admirées ont pris naissance dans les instincts animaux les plus primitifs et que tout le phénomène moral est d'origine animale. Il dit à cet égard : « Les origines de la justice comme celles de la sagesse, de la modération, de la bravoure, en un mot de tout ce que nous désignons sous le nom de vertus socratiques, sont animales : ces vertus sont une conséquence de ces instincts qui enseignent à chercher la nourriture et à échapper aux ennemis » (2). Cette idée que tous nos instincts moraux se trouvent en germe dans les organismes inférieurs, que « tout dans le domaine de la morale est devenu » (3), revient très souvent dans l'œuvre de Nietzsche.

Il va même jusqu'à prétendre que « les plus

(1) *Der tierische Wille*, 1, suiv.
(2) *W.*, IV, 33, 34.
(3) *W.*, II, 111.

hautes fonctions de l'esprit ne sont qu'une espèce sublime des fonctions organiques : assimilation, choix, sécrétion, etc. (1), assertion qui rappelle la fameuse comparaison de Vogt entre la fonction cérébrale et celle des reins. Il est du reste possible que Nietzsche ait lu cet auteur, car la Biographie nous apprend que, pendant le séjour de Nietzsche à Bâle, les ouvrages de Vogt se trouvaient dans sa bibliothèque (2).

Enfin il émet l'opinion suivante : « Eviter avec précaution tout ce qui est ridicule, bizarre, prétentieux, réfréner ses vertus tout aussi bien que ses désirs violents, se montrer d'humeur égale, se soumettre à des règles, s'amoindrir — tout cela, en tant que morale sociale, se retrouve jusqu'à l'échelle la plus basse de l'espèce animale » (3). Ici il me semble qu'il va un peu trop loin et qu'il tombe dans la même faute que tant d'autres avant et après lui, c'est-à-dire d'envisager la vie des organismes inférieurs à un point de vue par trop anthropomorphique. Il y a nombre de

(1) *W.*, XIV, 36.
(2) *Biogr.*, II, 522.
(3) *W.*, IV, 32.

passages où l'on peut constater cette exagération, passages qui le rapprochent d'ailleurs beaucoup des psycho-monistes. Il attribue une mentalité individuelle à la cellule (1) et considère
même l'organisme le plus petit comme doué de
conscience et de volonté (2). Enfin, par l'opinion
que « tous les organismes ont de la mémoire et
une sorte d'esprit » (3), il se rapproche incons-
ciemment de Häckel, malgré l'aversion qu'il
nourrit contre lui, aversion qui se manifeste surtout dans le passage, où il parle d'une manière
très dédaigneuse de « Hellwald, Häckel et con-
génères » (4). Il va même plus loin que celui-ci,
et sans doute trop loin, en parlant d'une « auto-
éducation par la raison dans les organismes
inférieurs » (5).

§

Pendant sa troisième période, et surtout vers
la fin de la vie consciente de Nietzsche, il se

(1) *W.*, XIII, 243.
(2) *W.*, XIII, 240.
(3) *W.*, XIII, 232, 239.
(4) *W.*, XII, 86.
(5) *W.*, XII, 36.

manifeste chez lui une tendance à s'éloigner de l'évolutionnisme, conséquence nécessaire de l'idée prédominante de la philosophie de cette époque, de la doctrine du « retour éternel » (1).

Il envisage maintenant toute la question de l'évolution d'un œil très sceptique et il insiste à différentes reprises sur le manque de preuves. Il dit par exemple qu'aucun exemple ne démontre encore si les organismes supérieurs sont issus d'organismes inférieurs (2). Il va même jusqu'à prétendre qu'« il n'y a pas de formes intermédiaires » et que « chaque type a ses limites » (3). Il y a là négation absolue du transformisme tout entier. En présence d'un tel passage, on se demande s'il serait possible de s'exprimer d'une manière encore plus anti-évolutionniste. Par là il se montre l'antipode véritable de Lamarck, quoique, comme si souvent, il se croie anti-darwinien. Qu'il considère parfois l'évolutionnisme comme une idée darwinienne, c'est ce qui ressort encore d'un autre passage, où, dans une méta-

(1) *W.*, XII, 228.
(2) *W.*, XV, 347.
(3) *W.*, XV, 344.

phore très hardie, il appelle la métempsycose « du darwinisme renversé » (1).

§

Malgré cela, les nombreux passages où se manifeste avec évidence l'évolutionnisme de Nietzsche nous autorisent à le considérer comme disciple, quoique à demi inconscient, de Lamarck.

(1) *W.*, XIV, 125.

6

II

L'ADAPTATION AU MILIEU

La biologie moderne se base en grande partie
sur la théorie de l'adaptation ; même la théorie
de la sélection n'est qu'une théorie secondaire,
résultant de la première : les mieux adaptés
survivent.

L'importance de l'adaptation, tant directe ou
passive qu'indirecte ou active, a déjà été pleine-
ment reconnue par Lamarck. Selon lui, c'est elle
qui, aidée par la tendance vers la progression,
propre à toute organisation, est la cause principale de toutes les transformations, de toute
l'évolution du monde organique.

THÉORIE LAMARCKIENNE DE LA « CAUSE DIRECTE »

C'est Nägeli qui a donné ce nom au principe passif de Lamarck, principe que plusieurs biologistes, par exemple August Pauly, qui du reste est lamarckien résolu, ont eu le tort d'attribuer à Et. Geoffroy Saint-Hilaire, quoiqu'il se trouve au moins aussi, sinon plus développé chez l'auteur de *la Philosophie zoologique.*

Tous les biologistes que Nietzsche a lus admettent ce principe. Rütimeyer, par exemple, dans *la Population des Alpes*, article que Nietzsche a tant admiré, démontre l'influence directe du milieu sur les plantes alpestres aux formes si caractéristiques (1).

Nietzsche, suivant l'exemple de ces auteurs,

(1) *Ges. kl. Schr.*, II, 193.

s'exprime également en faveur de ce principe transformateur. Il sait que les circonstances externes, telles que le sol, la nourriture, le climat, ont une influence directe sur les organismes. « De misérables petites circonstances rendent misérables » (1). Il se rend bien compte que nous sommes dans une étroite dépendance du monde inorganique qui nous entoure. « L'inorganique nous influence entièrement : l'eau, l'air, le sol, la formation du sol, l'électricité, etc. Nous sommes des plantes sous ces rapports » (2).

Il reconnaît toute l'importance de la question de la nutrition. Laissant de côté les passages où il parle de l'influence transformatrice de la nourriture sur l'homme (3), la preuve en est que sa bibliothèque contient plusieurs ouvrages qui traitent de ce sujet : le livre d'E. Smith : *les Comestibles*, et celui de C. A. Meinert : *Comment peut-on se nourrir d'une manière avantageuse et bon marché ?*

(1) *W.*, II. 86.
(2) *W.*, XII, 24.
(3) *W.*, XII, 109.

Enfin, en ce qui concerne le climat, toute sa vie errante nous prouve que ce facteur se faisait très souvent sentir à Nietzsche d'une manière assez sensible et parfois peu agréable. Que la question de l'habitat ne soit pas négligeable, c'est ce qu'il démontre par l'influence du climat sur l'assimilation et la désassimilation (1). Donc « parce que le milieu a une si grande influence sur nous, il faudrait faire des choses prochaines, par exemple de la nourriture, de l'habitation, de l'habillement, des relations sociales l'objet d'une réflexion et réforme continuelle » (2).

En général, Nietzsche est d'avis que l'homme est beaucoup moins adapté à son milieu que toutes les autres espèces du règne animal, qui par conséquent sont relativement stables, tandis que lui, en raison de son adaptation beaucoup moins achevée, est encore très sujet à varier (3). Nietzsche constate d'ailleurs que la nécessité de l'adaptation au climat n'est pas aussi grande

(1) *Ecce homo*, trad. franc., 47.
(2) *W.*, III, 191.
(3) *W.*, XII, 114.

chez l'homme que chez les autres espèces animales, parce que la culture lui enseigne à com-
penser les désavantages de chaque climat par
des moyens artificiels, de sorte qu'il devient de
plus en plus indépendant du climat et qu'il se
forme peu à peu un homme essentiellement
« surclimatérique » (1).

(1) W., XIII, 112, 113.

LE MIMÉTISME INTELLECTUEL ET MORAL

La question du mimétisme, c'est-à-dire de l'adaptation d'un animal à son entourage par la couleur ou la forme, question sur laquelle Nietzsche s'était renseigné par la lecture de Schmidt (1) et de Nägeli (2), revêt chez lui une forme un peu différente.

Il transforme ce mimétisme physique en un mimétisme intellectuel et moral. Comme l'animal qui revêt le caractère des choses qui l'entourent pour ne pas être vu par ses ennemis, nous adoptons d'une manière pareille les opinions des autres, parce que « s'entendre et être

(1) *Descendance*, 157.
(2) *Entstehung*, 18.

d'accord avec les autres est chose si agréable » (1).

L'homme est un animal imitant, et la cause principale de son mimétisme intellectuel, c'est sa faiblesse (2). Tout comme l'animal qui, pour se cacher, prend la forme ou la couleur d'un autre animal, qui répugne à ses ennemis, l'homme, pour disparaître dans la foule, pour ne pas attirer l'attention et peut-être la haine des autres, s'adapte à des princes, à des classes, à des partis, aux idées de son temps. C'est ainsi qu'il se cache derrière la morale de la société (3).

Plus tard, Nietzsche va encore plus loin en déclarant que l'esprit tout entier est le produit de ce besoin d'adaptation intellectuelle et morale de l'homme social. « J'entends par esprit la circonspection, la patience, la ruse, la dissimulation, le grand empire sur soi-même et tout ce qui est « mimicry » (4) — une grande partie

(1) W., II, 292.
(2) W., XIII, 284.
(3) W., IV, 32-34.
(4) En anglais dans le texte.

de ce que l'on appelle vertu, appartient à ce dernier » (1).

§

Dans un des passages anti-darwiniens de *la Volonté de puissance*, où l'esprit de négation de Nietzsche se montre développé à un très haut degré, Nietzsche nie cette adaptation morphologique protectrice. « Les êtres possédant des signes extérieurs qui les protègent contre certains dangers ne les perdent pas, lorsqu'ils sont soumis à des circonstances où ils vivent sans danger. — S'ils sont transportés à des lieux où l'habit cesse de les cacher, ils n'en changent nullement pour se rapprocher du milieu » (2).

Dans ce passage, il y a deux erreurs à constater. Premièrement : d'après ce passage, il faut conclure que Nietzsche s'imagine que cette adaptation protectrice se fait en très peu de temps, tandis qu'il faut sûrement bien des générations

(1) *W.*, VIII, 128.
(2) *W.*, XV, 344.

pour l'amener. Deuxièmement : il n'y a aucune raison pour que les signes qui ont protégé un animal dans un endroit dangereux se perdent, s'il est transporté dans un milieu, où il vit sans danger. Ces caractères, autrefois protecteurs, ne présentent probablement aucun désavantage pour l'animal dans son nouveau milieu. Ils sont donc devenus insignifiants et indifférents, et il n'existe par conséquent aucune raison pour qu'ils disparaissent, pourvu que ce ne soient pas des caractères fonctionnels.

PRINCIPE ACTIF DE LAMARCK

Parmi les biologistes que Nietzsche a lus et qui admettent d'ailleurs tous cette théorie lamarckienne par excellence, c'est surtout Roux, qui, dans la première partie de *la Lutte des parties dans l'organisme*, insiste sur l'influence de la « cause indirecte », sur l'adaptation fonctionnelle, c'est-à-dire sur l'effet de l'usage et du manque d'usage des organes.

Nietzsche se montre partisan de cette théorie, en constatant une hypertrophie d'activité (1), amenée par le trop grand emploi d'un organe et en déclarant le développement d'un organe, conforme à l'usage qui en est fait (2). Comme

(1) *W.*, II, 219.
(2) *W.*, XV, 342.

Roux (1), Nietzsche parle des difficultés tout à fait extraordinaires que durent surmonter les animaux aquatiques en train de se transformer en animaux terrestres (2).

Il applique ce principe à l'humanité surtout. D'accord avec Rée (3),porte-parole de Lamarck, Nietzsche croit que la naissance des habitudes se fait par voie d'adaptation, car « ce qui se plante autour de nous se plante vite en nous et devient habitude » (4).

Comme la plante rabougrie qui grimpe et se tortille pour avoir un peu de lumière, et dont les racines, dans un sol rocheux et pauvre, s'allongent pour trouver un peu plus de nourriture, l'homme s'adapte parfois à des circonstances si défavorables qu'on se demande : « Comment peut-on vivre dans de telles conditions ? » (5).

Et Nietzsche constate que l'homme possède une habileté incroyable à se conserver, même

(1) *Kampf der Teile*, 41 suiv.
(2) *W.*, XIII, 33, 34.
(3) *Ursprung, etc.*, 127.
(4) *Ecce homo*, trad. franç., 234.
(5) *W.*, X, 139 ; IX, 95.

dans les situations les plus misérables et quelquefois par les moyens les plus artificiels et purement imaginaires, parmi lesquels il compte les religions des pauvres, des malheureux (1).

En général c'est le privilège de la nature bien douée intellectuellement de trouver toujours des moyens de vivre sous des circonstances excessivement défavorables (2).

Quoique Nietzsche attribue une très grande importance à l'adaptation fonctionnelle et quoiqu'il constate « la lente apparition d'une espèce d'hommes essentiellement surnationale et nomade qui, comme signe distinctif, possède, physiologiquement parlant, un maximum de faculté et de force d'adaptation » (3), il s'oppose à l'exagération de ce principe telle que, à ses yeux, elle se trouve chez Spencer. Il est d'avis qu'une adaptation complète, comme le désire Spencer, n'est pas désirable, car elle amènerait le rapetissement le plus regrettable de l'humanité (4).

(1) *W.*, XIV, 71.
(2) *W.*, XI, 20.
(3) *W.*, VII, 206.
(4) *W.* XII, 53.

Les hommes deviendraient comme des grains de sable fins, moux, ronds, infinis (1). Et s'opposant encore une fois à Spencer, qui définit la vie « l'adaptation continuelle des relations internes à des relations externes » (2), il déclare cette définition de la vie une erreur fondamentale des biologistes de notre temps, et la remplace par sa propre définition : « La vie est la volonté de puissance, qui se soumet et incorpore de plus en plus les choses extérieures » (3).

§

En combinant le principe de l'adaptation fonctionnelle avec la théorie de la sélection, Nietzsche suit les traces de Spencer. Comme celui-ci (4) il constate que, « là où l'adaptation est la plus parfaite, la probabilité de la conservation est la plus grande » (5). Ceux qui ne sont pas capa-

(1) *W.*, IV, 171.
(2) *Bases*, 15.
(3) *Biogr.*, II, 789 ; *W.*, VII, 372.
(4) *Bases*, 70.
(5) *W.*, XIII, 247.

bles de s'adapter, les Hölderlin, les Kleist, périssent (1); les autres, ceux qui possèdent un maximum de faculté et de force d'adaptation, prospèrent (2). Et il y a même des races entières qui ont une faculté d'adaptation tout à fait extraordinaire, telles que les Juifs, « ce peuple d'adaptation par excellence » (3).

(1) *W.*, I, 404.
(2) *W.*, VII, 207.
(3) *W.*, V, 312; VII, 319.

LE PRINCIPE DE LA DIVISION PHYSIOLOGIQUE
DU TRAVAIL

L'adaptation fonctionnelle amène la division physiologique du travail. Nietzsche, qui connaissait ce principe de Milne-Edwards par Spencer(4), Roux, chez lequel il trouve l'application la plus étendue, et Schneider qui, en l'élargissant, parle de la différenciation des actions et des instincts (1), l'applique surtout aux facultés cérébrales. Comme Schneider (2), il est d'avis que originairement, percevoir, sentir, penser n'étaient qu'une seule et même chose, et ce n'est que peu à peu que les facultés cérébrales se sont diffé-

(1) *Introduction à la science sociale.* 75, 7 .
(2) *Der menschliche Wille,* 409 suiv.
(3) *Der tierische Wille,* 278.

renciées (1), conformément à la différenciation
morphologique des organes (2).

§

Vers la fin de sa vie consciente, Nietzsche commence à se méfier de la théorie du milieu, de
« cette théorie parisienne par excellence » (3).
Tandis que, pendant sa première période, il
attribue au milieu une influence importante sur
la formation du génie (4), il émet maintenant
l'opinion que « les grands hommes sont nécessaires et que le temps où ils apparaissent est
fortuit » (5).

. C'est à peu près à la même époque qu'il déclare que des termes tels que « auto-régulation »,
« adaptation », « division du travail » expriment de simples constatations de fait ; ce sont, à
ses yeux, « des expressions téléologiques qui

(1) *W.*, XIII, 232, 229.
(2) *W.*, XIII, 245.
(3) *W.*, XIV, 215.
(4) *W.*, IX, 279.
(5) *W.*, VIII, 156.

n'expliquent rien » (1). L'adaptation n'est maintenant pour lui qu'une activité de second ordre, qu'une réaction (2). Il trouve maintenant que l'influence des circonstances extérieures a été singulièrement exagérée chez Darwin (3), que la théorie du milieu, quoique prédominante en physiologie, est une théorie de décadence (4), qu'elle est, bien qu'on la considère en France comme sacro-sainte et presque scientifique, une « vraie théorie de neurasthéniques » (5) à laquelle il ne faut attribuer qu'une valeur très minime (6).

Tout cela est d'ailleurs très explicable par la « philosophie du vouloir », qui caractérise sa dernière période, car en admettant une grande puissance de la volonté, l'influence du milieu doit être considérée comme dominée par la volonté.

Outre l'influence de Schneider, chez qui cette

(1) *W.*, XIII, 260; XIII, 67.
(2) *W.*, VII, 372.
(3) *IV.*, XV, 341.
(4) *W.*, XIV, 215.
(5) *W.*, VIII, 156.
(6) *W.*, XV, 344.

philosophie de la volonté joue un rôle assez
important et qui insiste à plusieurs reprises (1)
sur la nécessité de s'appesantir davantage sur ce
côté de la philosophie, négligé jusqu'ici d'une
manière vraiment lamentable en comparaison
de l'importance qu'on a toujours attribuée aux
théories de la connaissance, c'est surtout l'influence d'Emerson sur Nietzsche, qui se fait sentir ici. Dans le premier essai *Fatalité* des *Lois
de la vie* il déclare que « la chose la plus sérieuse
et la plus formidable dans la nature c'est d'a-
voir une volonté » (2), et vis-à-vis de la fatalité,
qui est immense, il insiste sur la puissance individuelle, qui est immense, elle aussi (3).

§

En résumé, à part la dernière période de
Nietzsche, où il se montre adversaire de la théorie de l'adaptation au milieu, les nombreux pas-

(1) Surtout *Der tierische Wille*, 3 suiv.
(2) *Lois de la vie*, 4o.
(3) *Lois*, 3o.

sages cités qui s'expriment en faveur de cette théorie sous ses deux formes principales de l'adaptation directe et fonctionnelle permettent de le considérer comme partisan de cette théorie fondamentale de la biologie et de le ranger à cause de cela parmi les lamarckiens.

III

L'HÉRÉDITÉ DES CARACTÈRES ACQUIS

Le problème de l'hérédité, que Nietzsche définit « la transmission du mouvement » (1), joue
un rôle très important dans son œuvre. Il est
d'avis qu'aucune réflexion n'est aussi nécessaire
que celle sur l'hérédité des qualités (2).

Et il admet non seulement l'hérédité stable,
que personne ne nie, mais s'exprime aussi très
souvent en faveur de l'hérédité progressive de
Lamarck, théorie actuellement si controversée.
Ce fait n'a d'ailleurs rien d'étonnant, si l'on se
rend compte que tous les biologistes que Nietzsche a lus, à l'exception de Rütimeyer, qui ne
l'admet que partiellement (3), se prononcent en
faveur de cette théorie. Spencer surtout (4) et
Schmidt insistent sur l'hérédité des propriétés
nouvellement acquises. Ce dernier dit, en par-

(1) *W.*, X, 348.
(2) *W*, XI, 32.
(3) *Ges. kl. Schr.*, II 381.
(4) *Bases*, 162 suiv.; Introduction, 210, 362.

lant de cette hérédité : « Même les caractères les plus récents sont aussi dans ce cas » (1).

En outre, Nietzsche a trouvé l'application de cette théorie chez Wilhelm Jordan, le poète et glorificateur de l'évolution, dont d'ailleurs l'influence sur Nietzsche a déjà été constatée par Tille (2).

Enfin le seul ouvrage de Darwin que Nietzsche ait probablement lu : *De la variation des animaux et des plantes sous la domestication*, est imprégné de cette théorie, mais je suis presque sûre que Nietzsche, en rencontrant ce principe chez Darwin, ne se doutait guère qu'il se trouvait ici en présence d'une théorie essentiellement lamarckienne.

Quant à Roux (3) et Schneider (4), qui insistent sur l'acquisition très lente des qualités nouvellement acquises, ils ne font par là que suivre l'exemple du fondateur du transformisme lui-même, exemple que Nietzsche, malheureuse-

(1) *Descendance*, 150.
(2) *Von Darwin bis Nietzsche*, 154 suiv.
(3) *Kampf der Teile*, 35.
(4) *Der tierische Wille*, 259.

ment, ne suit pas toujours. Il attribue parfois à l'hérédité progressive une action beaucoup plus considérable qu'elle n'a en réalité et une rapidité d'effet qui est contredite par les faits. Cette exagération du principe de l'hérédité progressive chez Nietzsche a déjà été constatée par Riehl (1) et Grimm (2).

Nietzsche a bien compris que le point essentiel de cette théorie consiste en ce que ces caractères s'héritent même après la disparition de la cause qui les a produits. Il constate que « chaque instinct s'hérite longtemps après qu'il a cessé d'être condition de vie » (3).

Il sait qu'il faut l'emploi très fréquent d'un organe pour que cet usage devienne héréditaire. « Ce qui s'hérite du père au fils, ce sont les habitudes les plus exercées » (4).

Et il se rend bien compte qu'un tel caractère n'apparaît chez l'enfant qu'à peu près à la même époque de vie, où les ancêtres l'ont

(1) Riehl, *Fr. Nietzsche*, 98.
(2) Ed. Grimm, *Das Problem Fr. Nietzsches*, 60.
(3) *W.*, XIII, 173.
(4) *W.*, XII, 104.

acquis. C'est là un point sur lequel, depuis Darwin, on a beaucoup insisté dans les traités biologiques qui s'occupent du problème de l'hérédité. Nietzsche dit à cet égard : « Les caractères de nos parents qu'ils ont acquis plus tard, et qui existent déjà en nous à l'état embryonnaire, ont besoin de temps. Les qualités du père, qui se sont montrées alors qu'il était devenu homme, ne se manifestent chez le fils que quand il est homme, lui aussi » (1).

Malgré l'exagération, constatée un peu plus haut, Nietzsche suit en général l'exemple de Roux et de Schneider, en admettant que les caractères nouvellement acquis ne se fixent que lentement. Le fils n'avance qu'un peu plus vite que le père, parce qu'il fait le même chemin que déjà le père a parcouru, mais, pour arriver au même point que le père, il dépense presque toute l'énergie héritée de celui-ci, et ce n'est que le petit surplus qui le fait avancer un peu plus loin (2). C'est pourquoi, pour produire ce que

(1) W., XII, 166.
(2) W., II, 253.

nous appelons la loyauté intellectuelle, il faut une accumulation de finesse, de bravoure, de prévoyance, de modération, de force instinctive dans une longue chaîne de générations (1).

Donc les caractères, autrefois adaptatifs, deviennent peu à peu héréditaires. Comme Rolph, qui exprime la même idée (2), Nietzsche émet l'opinion que les qualités que nous possédons actuellement sont les adaptations aux conditions de vie de nos ancêtres. « Parce que nous sommes les héritiers de générations qui ont vécu sous les conditions d'existence les plus diverses, nous avons en nous une multitude d'instincts » (3).

(1) *W.*, XV, 245.
(2) *Biolog. Probl.*, 215.
(3) *W.*, XIII, 323.

HÉRÉDITÉ DES CARACTÈRES INTELLECTUELS

Nietzsche croit à l'hérédité des caractères intellectuels. Il est d'avis qu'une intelligence peu développée et une très haute culture intellectuelle s'héritent et que l'hérédité fait croître ou le défaut ou le haut degré d'intelligence vers les deux points extrêmes de l'échelle intellectuelle : l'idiotie et une activité cérébrale fiévreuse, aboutissant très souvent à une nervosité maladive et même à la folie.

Dans un passage, il parle de « l'abêtissement accru par hérédité » (1), dans un autre il énonce l'opinion que, « à un point extrême du développement cérébral, le danger d'une progéniture nerveuse est très grand » (2). Et en citant un mot

(1) *W.*, II, 211.
(2) *W.*, III, 302.

d'Aristote : « Chez les enfants des grands génies éclate la folie, chez les enfants des grands vertueux l'idiotie, » il se demande : « Est-ce qu'Aristote voulait ainsi inviter au mariage les hommes d'exception » (1).

Comme exemple pour le danger que la folie éclate chez les descendants d'hommes dont l'activité cérébrale est trop intense, Nietzsche nous rappelle les habitants d'Athènes pendant sa dernière époque, hommes sur-cultivés et sur-raffinés, dont la sensibilité et la nervosité touchaient très souvent de tout près à la folie (2).

Quant aux sciences, Nietzsche est d'avis que l'hérédité d'une science quelconque, si elle existe, est sûrement quelque chose de très rare. Il se demande si, par exemple, il est probable que le fils d'un philologue ait une certaine tendance à devenir philologue lui aussi (3).

Mais il est convaincu que, si la science elle-même ne s'hérite pas, la manière de travailler,

(1) W., IV, 229.
(2) W., XI, 69.
(3) W., X, 336.

une certaine méthode dans tout ce que l'on fait est sans doute héréditaire. C'est pourquoi le fils, même s'il choisit un autre métier que son père, montre encore dans toute sa manière de travailler, de remplir les devoirs de son propre métier, les traces de celui de son père. Ainsi « le fils d'un avocat continuera à être avocat en tant qu'homme de science » (1).

(1) *W.*, V, 284.

HÉRÉDITÉ DU TALENT, DU GÉNIE

Nietzsche trouve raisonnable que le fils, pour avancer plus vite dans un art et pour atteindre un degré de perfection plus élevé dans cet art, cultive le même talent que déjà son père et son grand-père ont développé (1). Il parle de deux arts — et qui voudrait en douter que ce sont de véritables talents? — que l'hérédité a de plus en plus accrus : l'art de savoir commander et l'art de l'obéissance fière (2). Il va même jusqu'à prétendre que le génie, pareil à la beauté, « a été acquis péniblement et n'est que le résultat final du travail accumulé des générations » (3). Ce passage est d'ailleurs contredit par quel-

(1) W., II, 386.
(2) W., II, 327.
(3) W., VIII, 160.

ques autres, qui datent à peu près de la même époque et que je ne voudrais pas passer sous silence, passages dans lesquels il appelle le génie le résultat de coups heureux (1) et où il dit nettement, en parlant de la beauté, du génie, du César : « De pareilles qualités ne se transmettent pas par hérédité » (2).

Comme cause de la non-hérédité du génie, il avance que l'homme génial est trop complexe et représente une trop grande somme d'éléments coordonnés pour que sa génialité soit héréditaire. C'est cette complexité qui amène très facilement et presque nécessairement la désagrégation, qui, de son fait, rend l'hérédité impossible (3).

(1) *W.*, XI, 347.
(2) *W.*, XV, 345.
(3) *W.*, XV, 344.

HÉRÉDITÉ DU TEMPÉRAMENT, DU CARACTÈRE MORAL

Nietzsche se pose la question : Qu'est-ce que c'est que cette multiplicité de sentiments, conscients et inconscients, que nous appelons notre tempérament ? Et il répond qu'au fond ce n'est pas autre chose que l'ensemble des jugements et des opinions de nos ancêtres, qui a été accumulé au cours des générations et nous a été transmis par hérédité, transformé de plus en plus en sentiments, prédilections ou antipathies. Donc « se fier à ses sentiments, c'est obéir plus à son grand-père, à sa grand'mère et aux grands-parents de ceux-ci qu'aux dieux qui sont en nous, notre raison et notre expérience » (1).

(1) W., IV, 40, 41.

Quant au mauvais tempérament, Nietzsche le considère comme la conséquence d'innombrables inexactitudes logiques dont les ancêtres se sont rendus coupables, tandis que les hommes de bon tempérament descendent de races réfléchies et solides, qui ont placé haut la raison (1).

Sur l'origine du pessimisme, Nietzsche énonce l'opinion que « le mécontentement et les idées noires ont été transmis aux générations actuelles par les faméliques de jadis » (2). Les Grecs au caractère lucide, au contraire, caractère qui ressemble à un vin clair et joyeux, nous offrent un exemple du cas opposé (3).

C'est un fait certain que nous ne nous occupons pas assez des choses qui nous entourent, malgré l'importance évidente qu'elles ont pour nous en influant considérablement notre état de corps et d'esprit, fait qui pourrait paraître incompréhensible, mais qui devient explicable si

(1) W., IV, 209.
(2) W., III, 293.
(3) W., III, 293.

l'on se rend compte que « ce mé ris des choses prochaines nous a été légué héréditaire-
ment » (1), par des ancêtres, dont l'esprit pla-
nait trop longtemps au-dessus de la réalité dans
les nuages des choses imaginaires.

Toute notre morale a l'hérédité pour base.
Ni nos vertus, ni nos vices ne prennent naissance en nous. Les uns comme les autres sont
le résultat final des bonnes ou des mauvaises
habitudes acquises par nos ancêtres.

Les prêtres, par exemple, d'abord des hypo-
crites, deviennent peu à peu naturels, « ou bien
si le père n'en vient pas à bout, peut-être le fils,
qui profitant de l'avance paternelle, héritera de
son accoutumance » (2).

Heureux ceux qui sont les héritiers et les maî-
tres de cette richesse multiple de vertus et de
capacités lentement acquises et accumulées durant de longues générations (3).

Ainsi donc, si l'on veut ou non, il nous faut

(1) *W.*, III, 203.
(2) *W.*, II, 74.
(3) *Biogr.*, II, 807.

suivre l'exemple de nos aïeux. Comme Emerson, qui considère l'hérédité comme faisant partie de la fatalité et qui se demande : « Comment un homme échappera-t-il à ses ancêtres? (1) » Nietzsche croit également impossible qu'on puisse s'affranchir du caractère moral hérité de nos ancêtres. C'est pourquoi Zarathoustra-Nietzsche donne à tout le monde le conseil : « Marchez sur les traces, où déjà la vertu de vos pères a marché. Comment voudriez-vous nter haut si la volonté de vos pères ne montait pas avec vous ? Mais celui qui veut être le premier, qu'il prenne bien garde à ne pas être le dernier. Et là, où sont les vices de vos pères, vous ne devez pas mettre de la sainteté » (2).

§

Comme à l'égard de beaucoup d'autres questions, Nietzsche, vers la fin de sa vie consciente, commence à envisager le problème de l'hérédité

(1) *Lois de la vie*, 14.
(2) *W.*, VI, 420.

d'un œil de plus en plus sceptique. Il se pose maintenant la grande question de savoir comment l'hérédité est possible (1), question qui, depuis que l'humanité réfléchit à ce problème, a agité tout le monde scientifique, question qui a fait naître tant d'hypothèses hardies, sans que, jusqu'ici, aucune ait donné une solution satisfaisante du problème.

Nietzsche dit— et il est d'accord ici avec tout le monde scientifique — qu'au fond nous ne savons pas ce que c'est que l'hérédité (2).

S'il s'était prononcé jusque-là trop affirmativement à l'égard de ce problème si controversé et encore non résolu de l'hérédité des caractères acquis, il s'exprime maintenant d'une manière très prudente. Se mettant en opposition avec « ceux qui croient que chaque avantage se transmet par hérédité et s'exprime dans les générations suivantes avec une intensité toujours plus grande », il déclare que « l'hérédité est quelque chose de bien capricieux » (3).

(1) W., XIII. 59.
(2) W., XIII, 233.
(3) W., XV, 343.

§

Mais en comparaison du très grand nombre des passages, où Nietzsche, ou implicitement ou explicitement, admet que les caractères acquis sont héréditaires, ces rares passages sceptiques de sa dernière période se perdent dans son œuvre. On est donc autorisé à considérer Nietzsche comme partisan de la théorie de l'hérédité des caractères acquis et à le déclarer à cause de cela disciple de Lamarck.

IV

LA LUTTE POUR L'EXISTENCE
LA LUTTE POUR LA PRÉÉMINENCE

Les théories traitées jusqu'ici étaient des
théories lamarckiennes. Avec ce quatrième chapitre nous entrons dans le domaine de Darwin,
dont les théories, dans leurs relations avec la
philosophie de Nietzsche, seront le sujet du quatrième, du cinquième et du sixième chapitre.

§

D'assez bonne heure et avant d'avoir lu le
livre de Rolph, Nietzsche s'exprime d'une manière très sceptique sur la doctrine de la lutte
pour l'existence. Déjà dans *Menschliches, Allzumenschliches*, il dit que « la fameuse lutte pour
l'existence paraît n'être pas le seul point de vue,
d'où peut être expliqué le progrès ou l'accroisse-
ment de force d'un homme, d'une race » (1).

Plus tard son jugement au sujet de cette

(1) *W.*, II, 212.

8.

théorie devient de plus en plus défavorable. Influencé sans doute par Rolph, il l'appelle « une doctrine incompréhensiblement boiteuse », qui, comme « le darwinisme tout entier, respire une atmosphère semblable à celle que produit l'excès de population des grandes villes anglaises, l'odeur de petites gens, misérablement à l'étroit » (1). Et dans sa dernière période il aboutit au jugement final : « Pour ce qui en est de la fameuse « lutte pour l'existence », elle me semble provi-oirement plutôt affirmée que démontrée » (2).

Mais malgré l'aversion prononcée que Nietzsche manifeste si souvent pour cette théorie, il considère en général la lutte comme une nécessité biologique et sociale. Déjà pendant sa deuxième période il est d'avis que la guerre est indispensable (3). Peu à peu sa prédilection pour le combat, pour la guerre se manifeste avec plus d'intensité.

(1) *W.*, V, 285.
(2) *W.*, VIII, 127.
(3) *W.*, II, 355.

C'est par la bouche de Zarathoustra qu'il fait l'apologie de la lutte. Et Zarathoustra, le fort, le téméraire, le victorieux, ne se fait pas le glorificateur du combat, parce qu'une bonne raison justifie la guerre, mais il prêche la bonne guerre pour la guerre, car « c'est la bonne guerre qui sanctifie toutes choses » (1).

Les passages où Nietzsche considère la lutte comme une nécessité biologique sont très nombreux. Il la déclare même une condition indispensable de la vie, car « l'organisme se maintient par la lutte » (2) et « on a renoncé à la grande vie, lorsqu'on a renoncé à la guerre » (3). Par là Nietzsche se croit en opposition diamétrale avec Spencer, tandis que celui-ci ne conteste pas que la guerre n'ait été une des causes principales du progrès dans l'organisation (4).

Enfin, en attaquant Dühring et son cliché communiste, il se prononce contre une organi-

(1) W., VI, 63.
(2) W., XIII, 173.
(3) W., VIII, 87.
(4) *Introd. à la cience soc.*, 210.

sation juridique, imaginée comme arme contre toute lutte générale, organisation qui, à ses yeux, serait un principe foncièrement ennemi de la vie (1).

(1) W., VII, 368, 369.

LA LUTTE DES PARTIES

Tout en admirant la merveilleuse coordination dans le corps de l'homme (1), Nietzsche sait que le corps humain, comme tout autre corps animal, n'est que le résultat d'une lutte incessante entre ses parties. Par là, il se montre influencé par Roux.

Comme celui-ci (2), il parle d'une lutte intra-cellulaire, protoplasmique (3). Il ne manque que le nom que Roux donne à cette lutte, mais c'est une lutte des molécules, comme chez lui.

Nietzsche admet en outre une lutte entre les cellules, où la plus forte s'assimile la plus fai-

(1) W., XIII, 247.
(2) *Kampf der Teile*, 73 suiv.
(3) W., XIII, 227.

ble (1), tout à fait comme Roux, qui traite de cette lutte cellulaire avec beaucoup de détails (2).

Dans un autre passage il ajoute à la lutte cellulaire la lutte histonale (3), qui, cela va sans dire, se trouve également chez Roux (4).

Et pour compléter la hiérarchie des parties de l'organisme, Nietzsche ne manque pas de parler, à côté de la lutte des cellules et des tissus, d'une lutte des organes (5), lutte qui, chez Roux, joue un rôle des plus importants. Enfin, en déclarant l'individu le champ de lutte de ses différentes parties (6), il se range entièrement à côté de Roux.

(1) *W.*, V, 157.
(2) *Kampf d. Teile*, 88 suiv
(3) *Biogr.* II, 788.
(4) *Kampf d. T.*, 96 suiv.
(5) *W.*, XII, 35.
(6) *W.*, XV, 342.

LA LUTTE MENTALE

Nietzsche applique le principe de lutte à la vie mentale, en parlant d'un conflit des images, dont les plus fortes tendent à absorber les plus faibles (1). Qu'il se rende bien compte qu'il marche ici sur les traces de Darwin, c'est ce qui ressort de la phrase qu'il ajoute: « Là encore le darwinisme a raison. »

Très souvent il parle d'une lutte des instincts (2). En présence de ces passages, il me paraît peu conséquent que, dans un autre passage, où il parle de la « prétendue lutte des motifs », il nie qu'un véritable conflit entre différents

(1) *W.*, X, 194.
(2) *W.*, XI, 403 ; XII, 45; XIII, 71.

motifs ait lieu et prétende que nous contondons
tout simplement la lutte des motifs avec la comparaison des conséquences possibles des diverses actions (1).

(1) W., IV, 128.

LA LUTTE ENTRE DES INDIVIDUS D'UNE MÊME ESPÈCE

La théorie darwinienne de la lutte de concurrence entre des individus d'une même espèce est basée sur la doctrine de Malthus d'un trop grand nombre de naissances dans la nature.

Déjà avant que Nietzsche n'eût lu Rolph, son antipathie profonde contre la doctrine de Malthus se manifestait avec évidence. Il me semble probable que Nietzsche s'est laissé influencer à cet égard par Dühring, qui, dans *la Valeur de la vie* (1), déverse toute sa haine sur cette doctrine, qu'il déclare une des théories les plus funestes et les plus ennemies de la vie.

A cause de sa crainte d'une surpopulation de

(1) 21 suiv.

la terre, Nietzsche reproche à Malthus, sans le nommer du reste, une sénile myopie (1).

Malgré cela, dans un autre passage, qui date de la première période de Nietzsche, et où il dit que « l'humanité tout entière est gaspillée par la nature aussi négligemment que les fleurs au printemps » (2), il est tout près de l'idée malthusienne fondamentale d'un excédent de naissances dans la nature.

Plus tard, sous l'influence de Rolph, il s'écarte davantage de cette « doctrine de famine et de détresse ». Il doute qu'elle corresponde aux faits. C'est pourquoi il ne veut pas qu'on confonde Malthus avec la nature (3).

En adoptant l'opinion de Rolph (4), il soutient que, « dans la nature règne non la détresse, mais l'abondance, et même le gaspillage jusqu'à la folie » et que la lutte pour l'existence n'est qu'une exception (5).

(1) *W.*, III, 296.
(2) *W.*, X, 389.
(3) *W.*, VIII, 127.
(4) *Biolog. Probl.*, 75 suiv., 114, 5.
(5) *W.*, V, 285; VIII, 128.

Si donc Nietzsche ne conteste pas que cette concurrence entre des individus d'une même espèce
puisse exister, il en nie pourtant l'âpreté. Ici
encore il est d'accord avec Rolph qui, lui aussi,
tout en admettant l'existence de cette lutte, en
nie la fréquence et la violence. Quant à l'homme,
Rolph ne conteste même pas que, chez lui,
parce que la lutte directe, qu'il mène continuellement contre les circonstances défavorables de
la vie, est moins dure que chez l'animal, la lutte
de concurrence ne soit peut-être devenue relativement plus violente (1).

§

Comme Rolph, Nietzsche est d'avis que ce
n'est pas la lutte pour l'existence qui favorise
la variabilité des espèces; comme lui (2), il prétend que c'est, au contraire, cette « lutte continuelle contre des conditions toujours également
défavorables qui rend un type stable et dur » (3).

(1) *Biolog. Probl.*, 116.
(2) *Biolog. Probl.*, 114, 2.
(3) *W.*, VII, 245; XIV, 76.

Donc la cause de la formation de nouvelles variétés et espèces n'est pas la lutte, la détresse,
mais l'abondance, la prospérité(1). En soutenant
cette doctrine anti-darwinienne, anti-malthu-
sienne, à laquelle il n'ajoute rien d'essentiellement nouveau, Nietzsche n'est que le porte-
parole de Rolph.

(1) W., VII, 246; XIV, 76.

LA LUTTE ENTRE DES INDIVIDUS D'ESPÈCES
DIFFÉRENTES

En parlant des agneaux qui se plaignent des grands oiseaux de proie qu'ils appellent méchants, parce que ceux-ci considèrent les petits agneaux, dont la chair délicate a un goût si agréable, comme leur nourriture naturelle, Nietzsche déclare cette lutte entre des individus d'espèces différentes la manifestation nécessaire de la force. La force ne serait pas la force, si elle ne se manifestait pas comme telle (1).

(1) W., VII, 326, 327.

LUTTE POUR LA PRÉÉMINENCE

Sous cette forme, la lutte joue chez Nietzsche un rôle des plus importants. Cette lutte c'est la volonté de prévaloir, de se distinguer, de dominer. Dès le début cette idée était très familière à Nietzsche sous la forme qu'elle avait chez les Grecs, c'est-à-dire comme lutte gymnastique et musicale (1). Encore une fois d'accord avec Rolph, qui revient avec insistance sur cette idée que la lutte pour la vie n'est pas une lutte pour la simple conservation, mais une lutte pour l'augmentation de la vie (2), d'accord d'ailleurs aussi avec Rée, qui s'appesantit également sur la lutte pour une vie meilleure, plus riche (3), Nietzsche remplace la lutte pour la conservation,

(1) W., III, 120.
(2) *Biolog. Probl.*, 97, 114, 1.
(3) *Ursprung d. mor. Empf.*, 12, 14.

née du désir aveugle de vouloir exister (1), par la lutte pour le « plus », le « meilleur », le « plus vite », le « plus souvent » (2). La volonté qui domine toute l'humanité n'est donc pas seulement la simple volonté de vivre, mais la volonté d'atteindre une existence différente, plus longue et plus élevée (3), et « la grande et la petite lutte tournent partout autour de la prépondérance, de la croissance, du développement et de la puissance » (4).

Nietzsche se fait le glorificateur de la lutte considérée comme épreuve de force. On lutte, sans aucune cause spéciale, mais pour sentir sa force (5) et pour se montrer plus fort que les autres.

En prenant le terme de lutte dans un sens plus vaste qu'on ne le prend d'ordinaire, Nietzsche soutient que dominer et obéir ne sont que deux formes spéciales de lutte (6).

(1) *W.*, X, 272.
(2) *W.*, XIII, 231.
(3) *W.*, XI, 293.
(4) *W.*, V, 285.
(5) *W.*, II, 105.
(6) *W.*, XIII, 258, 259.

Et l'aspiration à la distinction, qu'est-ce, sinon une guerre un peu dissimulée contre le prochain sur lequel on veut, en tout cas, l'emporter (1), soit en attirant simplement l'attention des autres, ce qui, comme l'expérience quotidienne l'atteste, est le désir ardent de la majorité des hommes et donne déjà une satisfaction complète à beaucoup d'entre eux, soit en se distinguant d'une manière extraordinaire et en gagnant des louanges et des honneurs.

§

A mesure que la philosophie de Nietzsche devient de plus en plus une philosophie de volonté, cette idée de la lutte pour la prééminence finit par prédominer sous le nom de « volonté de puissance », à laquelle il tend même à ramener toute la vie instinctive (2).

A ses yeux, cette volonté de dominer est un caractère commun à tous les êtres organiques.

(1) W., VI, 110 ; IX, 214.
(2) W., VII, 57.

« Partout où j'ai trouvé des êtres vivants, j'ai trouvé de la volonté de puissance » (1). A la fin il n'admet aucune autre lutte que celle-ci. « Où il y a lutte, c'est pour la puissance » (2).

§

En résumé, Nietzsche se montre partisan de Roux en admettant la lutte des parties dans l'organisme. Comme Rolph, Nietzsche se montre anti-darwinien, anti-malthusien, en rejetant la lutte de concurrence comme principe évolutif. Il adopte le principe de prospérité de Rolph comme cause des variations.

La lutte pour l'existence au sens darwinien, c'est-à-dire comme lutte pour la simple conservation, est remplacée chez lui par la lutte pour la prééminence, par son propre principe de « volonté de puissance ».

(1) *W.*, VI, 163.
(2) *W.*, VIII, 128.

V

LA SÉLECTION NATURELLE ET ARTIFICIELLE

Les philosophes grecs ont anticipé plusieurs
des idées les plus modernes. Si, parmi ces philosophes, Héraclite est le précurseur de l'évolutionnisme, Empédocle est celui de la théorie
darwinienne de la sélection naturelle. C'est chez
lui que Nietzsche a trouvé cette théorie en
germe. Cette idée que, parmi toutes les formes
de vie, malgré le grand nombre de déforma-
tions qui périssent nécessairement, il se trouve
toujours quelques-unes qui sont aptes à vivre,
Nietzsche l'appelle une idée ingénieuse, et la
théorie darwinienne ne lui paraît être qu'une
application spéciale de cette idée fondamentale
d'Empédocle (1).

En ce qui concerne cette analogie, Nietzsche

(1) *W.*, X, 99, 100.

9.

n'a du reste pas été le premier à la constater. Beaucoup d'autres l'ont fait avant lui, par exemple Dühring, dans son *Histoire critique de la philosophie* (1), ouvrage que Nietzsche a lu et qui se trouve dans sa bibliothèque.

Il attribue une très grande valeur à cette théorie. Cela ressort d'un passage où il déclare « conception de premier ordre l'idée que ce qui est apte à vivre a seul survécu » (2). Il l'admet donc sous la forme de « survie du plus apte », forme que lui a donnée Spencer (3).

Il est très regrettable que Nietzsche, comme tant d'autres, ne fasse aucune distinction nette entre l'évolution et la sélection. Il va même jusqu'à identifier l'une avec l'autre, en parlant de « la loi de l'évolution, qui est celle de la sélection » (4).

Si Nietzsche attribue à Darwin l'idée d'une croissance continuelle dans la perfection des êtres comme conséquence nécessaire de la sélec-

(1) *Kritische Gesch. d. Philos.*, 54.
(2) *W.*, XIII, 233.
(3) *Bases*, 91. Introduction, 209.
(4) *W.*, VIII, 221.

tion naturelle (1), il se trompe, car Darwin n'est pas du tout progressiste absolu et il compte, à côté de la sélection progressive, avec la possibilité d'une sélection régressive. Cette erreur de Nietzsche s'explique peut-être par le fait qu'il tient son darwinisme en partie de Schmidt, qui est progressiste résolu (2). Ce qui n'est que l'idée du vulgarisateur, il l'a donc pris pour l'idée de Darwin lui-même.

Nietzsche a très bien compris que cette théorie a avant tout une valeur éliminatrice. Partout il insiste sur ce côté de la sélection; partout dans son œuvre on entend la voix de « la fatalité qui dit aux faibles : disparais! » (3).

Comme Spencer (4), Nietzsche constate un manque complet de sélection chez l'homme, car la sélection humaine est entravée par plusieurs facteurs.

(1) *W.*, XV, 342, 343.
(2) *Descendance*, 165.
(3) *W.*, XV, 85.
(4) *Intr. à la science soc.*, 398.

LES ENTRAVES DE LA SÉLECTION NATURELLE
CHEZ L'HOMME

Une des pires entraves de la sélection humaine c'est l'Église, cette « solidarité des faibles » (1), elle qui a « travaillé en bonne conscience, systématiquement, à la conservation de tout ce qui est malade, de tout ce qui souffre, elle qui a tout fait pour briser les forts, pour rendre suspect le bonheur dans la beauté, abattre tout ce qui est souverain, viril, conquérant et dominateur, écraser tous les instincts qui sont propres au type « homme » le plus élevé et le mieux réussi » (2).

§

Une autre entrave non moins funeste aux yeux

(1) *W.*, XV, 144.
(2) *W.*, VII, 88, 89.

de Nietzsche c'est la pitié. Ici, comme d'ailleurs dans la question de l'élimination des dégénérés en général, il se montre d'accord avec Spencer, qui se demande « si la sotte philanthropie qui ne pense qu'à adoucir les maux du moment et persiste à ne pas voir les maux indirects ne produit pas au total une plus grande somme de misère que l'égoïsme extrême » (1).

Combien cette question occupait l'intérêt de Nietzsche, c'est ce qui ressort de ce que sa bibliothèque contient l'ouvrage de H. von Wolzogen : *la Religion de la pitié et l'inégalité des races humaines* (2).

Nietzsche est donc d'avis que c'est la pitié qui augmente la souffrance dans le monde (3), que c'est elle qui, en retenant dans la vie tout ce qui est mûr pour la disparition, donne à la vie un aspect sombre et douteux (4).

A ses yeux, elle est plus nuisible que n'im-

(1) *Intr. à la science soc.*, 369.
(2) Wolzogen, *Die Religion des Mitleidens und die Ungleich heit der menschlichen Rassen.*
(3) *W.*, IV, 139.
(4) *W.*, VIII, 221.

porte quel vice, si elle se montre active comme dans le christianisme (1). C'est pourquoi surtout le médecin doit s'en garder, car c'est elle qui « le paralyse dans tous les moments décisifs, entrave sa science et sa main subtile et secourable » (2).

Et si nous croyons que la nature est immorale, parce qu'elle est sans pitié pour les dégénérés, nous renversons les faits, car c'est au contraire notre morale qui, en conservant les faibles et les dégénérés de toute sorte, est maladive et contre-nature (3). Donc celui qui veut contribuer en quelque chose au salut de l'humanité devrait être aussi méchant et aussi indifférent que la nature (4).

Encore une fois d'accord avec Spencer, qui non seulement constate que « les agents qui entreprennent de protéger les incapables pris en masse font un mal incontestable, parce qu'ils arrêtent ce travail d'élimination naturelle par

(1) W., VIII, 218.
(2) W., IV, 139
(3) W., XV, 228.
(4) W., II, 220.

lequel la société s'épure continuellement elle-
même » (1), mais qui relève en outre que « les
forts et capables nourrissent en partie les faibles
et incapables » (2), Nietzsche considère également
les faibles et les malades, eux, les parasites de la
société (3), comme une entrave pour les forts.
« Ils vivent du temps et des forces des hommes
bien portants » (4). Ce sont eux qui sont « le plus
grand danger pour ceux qui se portent bien ; ce
n'est pas aux plus forts qu'il faut attribuer le
malheur des forts, mais à ceux qui sont les plus
faibles » (5).

§

Comme Spencer (6), Nietzsche soutient que
la guerre moderne entrave la sélection. « Les
meilleurs sont sacrifiés » (7) par elle, ceux qui

(1) *Intr. à la science soc.*, 370.
(2) *Intr.*, 369.
(3) *W.*, VIII, 143.
(4) *W.*, IV, 196.
(5) *W.*, VII, 432.
(6) *Intr. à la science soc.*, 213.
(7) *W.*, II, 329.

garantissent une postérité excellente. Ce sont précisément les hommes les plus virils que la guerre fait mourir à l'étranger ou, s'ils reviennent, ils sont malades et ne font qu'augmenter la dégénérescence de leur peuple, comme cela est arrivé au XVIIe siècle, pendant la guerre de trente ans, si funeste pour l'Allemagne (1).

(1) W., XIII, 345, 346.

LA SÉLECTION ARTIFICIELLE

Dans son dernier ouvrage, resté fragmentaire, Nietzsche déclare que la sélection artificielle ne produit pas de types stables. Car « tout ce qui réussit à s'échapper de nouveau de la main humaine et de son dressage retourne presque immédiatement à son état naturel » (1). Il constate en outre que « la domestication, c'est-à-dire la culture de l'homme, n'est que superficielle » (2).

Malgré cela, Nietzsche conseille la sélection consciente à l'humanité. « L'humanité peut dès maintenant faire d'elle-même tout ce qu'elle veut » (3). Chose qui serait apparue au temps jadis comme de la folie et un jeu impie avec le ciel

(1) *W.*, XV, 343.
(2) *W.*, XV, 345.
(3) *W.*, III, 99.

et l'enfer, nous avons le droit d'expérimenter sur nous-mêmes (1). Des parties entières de la terre devraient se vouer maintenant à des expériences conscientes (2), car la tâche de l'humanité c'est une sélection consciente et voulue sur une grande échelle (3).

Cette idée d'une sélection humaine consciente est une de celles qui, malgré toutes les transformations qu'a subies l'esprit de Nietzsche, persistent avec une ténacité sans pareille. Elle se trouve déjà en germe dans *Schopenhauer éducateur* (4) et dans les fragments de la même époque (5). Elle revient pendant sa deuxième période (6) et devient de plus en plus dominante dans sa dernière phase, où elle joue un rôle très important, surtout dans *la Volonté de puissance*, dont un livre tout entier est consacré à cette question (7).

(1) *W*., IV, 33o.
(2) *W*.,XII,114.
(3) *W*., VII, 137, 138.
(4) *W*., I, 445.
(5) *W*., X, 375, 377.
(6) *W*., XI, 79 : IV, 160.
(7) *W*., XV, 4o3 suiv., livre 4ᵉ : *Zucht und Züchtung*.

Il faut donc enseigner à l'homme que « son avenir c'est sa volonté, que c'est affaire d'une volonté humaine de préparer de grandes tentatives et des essais généraux d'élevage et de sélection pour mettre fin à cette épouvantable domination de l'absurde et du hasard qu'on a appelée jusqu'à présent « l'histoire » (1).

Nietzsche sait qu'une telle sélection consciente de l'humanité s'est déjà faite dans le passé. L'histoire nous en présente plusieurs exemples. Outre les Grecs (2), auxquels une telle sélection humaine consciente paraissait la chose la plus naturelle du monde, parce qu'ils étaient pour la justice naturelle de Platon, pour le droit du fort, l'exemple le plus grandiose d'un tel cas d'élevage et de sélection humaine nous est offert par la morale hindoue qui s'est posé le problème d'élever quatre races à la fois (3).

(1) W., VII, 138.
(2) W., X, 376.
(3) W., VIII, 104.

L'ÉLEVEUR DE L'HUMANITÉ

Mais pour accomplir cette tâche difficile d'élever une humanité nouvelle et meilleure, triée par la sélection la plus rigoureuse, il nous faudra une autre espèce de philosophes et de législateurs que ceux d'aujourd'hui. C'est ce futur législateur, ce philosophe de l'avenir, le grand éleveur de l'humanité (1), qui doit savoir se servir de tous les moyens d'élevage et de sélection (2).

Et pour être capable d'entreprendre une telle chose, il aura avant tout besoin d'une grande santé. Nietzsche, qui mieux que n'importe qui savait par expérience ce que vaut une bonne

(1) *W.*, VII, 139.
(2) *Biogr.*, II, 806.

santé, ne se lasse pas de faire l'éloge de ce meilleur des biens (1), et les mots d'Emerson: « La santé est le suprême bien ; c'est la puissance » (2), lui paraissaient sans doute comme émanés de son propre esprit.

(1) *W.*, V, 342.
(2) *Lois de la vie*, 75.

LE CÔTÉ NÉGATIF DE LA SÉLECTION : L'ÉLIMINATION
DES DÉGÉNÉRÉS DE TOUTE SORTE

C'est ce côté de la sélection sur lequel Nietzsche insiste le plus. Les passages où il en parle sont innombrables (1).

« Périssent les faibles et les ratés : premier principe de notre amour des hommes. Et qu'on les aide encore à disparaître » (2), car « il ne faut pas vouloir être le médecin des incurables : Voici ce qu'enseigne Zarathoustra : — Disparaissez ! » (3).

A l'exemple des Hindous et suivant la loi de Manou, Nietzsche considère comme une nécessité

(1) *W.*, VI, 298, 301 ; VIII, 218 ; IX, 182; XI, 79, 314, 323; XII, 140; XIV, 72.
(2) *W.*, VIII, 218.
(3) *W.*, VI, 298.

d' « extirper les membres malades »(1). C'est surtout à cause de cette prescription d'éliminer les
dégénérés, qu'il déclare cette loi, sur laquelle
il s'était informé en détail par le livre de Jacol-
liot : *Manou, Moïse, Mahomet* (2) et à la critique de laquelle il consacre des pages entières (3),
incomparablement supérieure au Nouveau Tes-
tament (4). Dans un autre passage, il dit même
que c'est un ouvrage incomparablement spiri-
tuel et supérieur, et que ce serait un péché contre
l'esprit de le nommer en même temps que la
Bible (5).

Nietzsche trouve indispensable cette élimination des dégénérés, car sans elle l'état de l'humanité, où déjà aujourd'hui chacun est plus ou
moins malade ou garde-malade (6), deviendra
encore pire et aboutira à la fin à un affaiblisse-
ment général. Donc, au lieu de maintenir par
tous les moyens possibles tout ce qui est misé-

(1) W., XIV, 119.
(2) Voir Berthold.
(3) W., XIV, 117-130.
(4) W., VIII, 104.
(5) W., VIII, 298.
(6) W., VIII, 147.

rable, déformé et dégénéré, comme l'on fait aujourd'hui, notre tendance doit être, au contraire, de faire périr les dégénérés (1).

En outre, on devrait enfin comprendre que « l'extinction de beaucoup d'espèces d'hommes est aussi désirable que toute procréation » (2). Il y a même des circonstances, dans lesquelles la procréation est un véritable crime, comme chez les mal venus de toute sorte qui « auront d'ailleurs des descendants encore plus dégénérés qu'eux-mêmes » (3). C'est pourquoi les personnes qui ont une maladie chronique ou ceux qui sont neurasthéniques au troisième degré ne devraient pas engendrer (4), et pour rendre le monde plus gai, il faudrait également refuser la procréation aux hommes de mauvais tempérament, aux « bilieux » (5).

Cette tâche d'empêcher les dégénérés de procréer incombe à la société. « La société a le

(1) *W.*, XI, 314.
(2) *W.*, XI, 324.
(3) *W.*, XV, 228.
(4) *W.*, XV, 228.
(5) *W.*, III, 142 ; XII, 127.

devoir d'empêcher la procréation dans beaucoup
de cas. Elle doit se servir, en certains cas, des
mesures coercitives les plus dures, par exemple
de la privation de la liberté et, dans certaines
circonstances, de la castration.

La défense de la Bible : « Tu ne tueras
point », est une naïveté en présence des néces-
sités sérieuses qui obligent à adresser aux dégénérés cette interdiction : « Tu n'engendreras
point. »

La vie elle-même ne reconnaît pas de solidarité, pas de « droits égaux » entre les parties
saines et les parties dégénérées d'un organisme :
il faut éliminer ces dernières — autrement l'ensemble périt » (1).

Quant à la criminalité, question qui a beaucoup occupé Nietzsche, comme il ressort de la
présence dans sa bibliothèque des ouvrages suivants : Féré : *Dégénérescence et criminalité*,
et A. Krauss : *la Psychologie du criminel* (2),
il est d'avis qu'il faut considérer les criminels

(1) *W.*, XV, 228 suiv.
(2) Krauss : *Die Psychologie des Verbrechers.*

10.

comme des malades. Comme eux ils sont des parasites de l'humanité et leur élimination est le sens et le but de la peine (1).

Avant tout la société a le devoir d'empêcher les criminels d'augmenter leur nombre en engendrant des descendants pareils à eux-mêmes (2). Au cas où le criminel appartiendrait à la race des criminels, Nietzsche conseille comme mesure inévitable la castration (3).

Toutes ces mesures vis-à-vis des malades incurables et des criminels ont depuis été en partie réalisées dans plusieurs États de l'Amérique du Nord, où l'on s'appesantit surtout sur la nécessité d'éliminer deux catégories d'hommes dégénérés : les criminels de la pire sorte et les syphilitiques.

Cette élimination consciente des dégénérés était la chose la plus fréquente chez les Grecs. Eliminer les enfants chétifs et mal venus était considéré chez eux non seulement comme un droit,

(1) W., XIII, 201.
(2) W., XII, 140.
(3) W., XV, 353.

mais comme un devoir (1). Nietzsche est du même avis et conseille l'élimination des enfants faibles et dégénérés aux peuples modernes. A ceux qui lui feront peut-être le reproche de la cruauté, parce qu'il préconise la mort de ces malheureux enfants, il répondra que, si c'est une cruauté, c'est une cruauté sacrée, et qu'il serait plus cruel de les laisser vivre (2).

§

Comme Dühring (3) Nietzsche prêche la mort libre, raisonnable, qui doit remplacer la mort naturelle, qui est « mort indépendante de toute volonté, mort proprement déraisonnable, où la misérable substance de l'écorce détermine la durée du noyau » (4).

Au lieu de la peur, de l'horreur que nous inspire aujourd'hui la pensée de la mort, cette peur de la mort, qu'on peut désigner comme la

(1) W., XII, 103.
(2) W., V, 103, 104.
(3) *Der Wert des Lebens*, 175 suiv.
(4) W., III, 294.

maladie européenne (1), Nietzsche enseigne la joie de la mort. A l'avenir, la mort prendra un autre aspect ; car « pourquoi ne devrait-on pas être serein, puisqu'on est sûr de sa mort ? » (2). La libre résolution de mourir changera tout. « Être délivré de la vie et redevenir de la nature morte peut être considéré comme une fête par celui qui veut mourir » (3).

Et dans beaucoup de cas, cette mort volontaire devient un devoir, surtout quand notre vie n'est plus rien qu'un fardeau pour les autres. « Il est lâche de prolonger sa vie de jour en jour par la consultation inquiète des médecins et le régime de vie le plus pénible, sans la force de se rapprocher du terme propre de la vie » (4).

C'est surtout par la bouche de Zarathoustra, le porte-parole et glorificateur des idées auxquelles Nietzsche tient le plus, qu'il fait l'apologie de cette mort voulue, libre et raisonnable. C'est Zarathoustra qui, dans un de ses discours « De

(1) W., XIV, 217.
(2) W., XII, 268.
(3) W., XII, 66.
(4) W., II, 88 ; VIII, 143.

la libre mort » enseigne : « Je vous fais l'éloge de ma mort, de la libre mort qui vient à moi, parce que je le veux » (1). C'est Zarathoustra, le précurseur et le prophète d'une ère nouvelle meilleure, qui, en annonçant la nouvelle morale, ne se lasse pas d'enseigner : « Meurs à temps » (2).

Aujourd'hui, cette mort, que nous appelons mort naturelle, nous surprend très souvent, sans que nous ayons le temps de régler ce qu'il faut régler avant de s'en aller pour toujours, tandis que la mort de Zarathoustra nous donnera l'occasion de réaliser notre dernière volonté nous-mêmes et de faire en pleine conscience nos adieux à la vie et à tous ceux qui nous ont été chers (3).

A présent, cette sage disposition à l'égard de la mort paraît encore immorale, mais elle fera partie de « la morale de l'avenir, dont ce doit être un bonheur indescriptible d'apercevoir l'aurore » (4).

(1) W., VI, 102.
(2) W., VI, 101.
(3) W., VIII, 144.
(4) W., III, 294.

Contrairement à ce qu'on fait aujourd'hui, où l'on écarte du criminel tout ce qui pourrait lui servir comme moyen de se tuer, Nietzsche est d'avis qu'il faut offrir à certains criminels l'occasion du suicide (1).

En cas de maladie incurable, le rôle principal incombe au médecin. L'obstination à végéter lâchement après que l'on a perdu le droit à la vie, parce qu'on n'est plus qu'un parasite de l'humanité, devrait entraîner de la part de la société un mépris profond (2), et c'est le médecin qui devrait se faire l'intermédiaire de ce mépris en apportant au malade tous les jours « une nouvelle dose de dégoût », car « il vaut mieux mourir fièrement, lorsqu'il n'est pas possible de vivre fièrement » (3).

(1) W., IV, 195.
(2) et (3) W., VIII, 144.

LE CÔTÉ POSITIF DE LA SÉLECTION HUMAINE

Comparée à l'importance qu'il attache à l'élimination des dégénérés, la sélection positive de l'humanité supérieure joue, chez Nietzsche, un rôle très minime.

Le moyen le plus sûr, le plus efficace de sélectionner les meilleurs, c'est pour Nietzsche la souffrance. « Examinez la vie des hommes et des peuples les meilleurs et les plus féconds et demandez-vous si un arbre, qui doit s'élever fièrement dans les airs, peut se passer du mauvais temps et des tempêtes ; si la défaveur et la résistance du dehors, si toutes espèces de haine, d'envie, d'entêtement, de méfiance, de dureté, d'avidité, de violence ne font pas partie des circonstances favorables, sans lesquelles une grande croissance, même dans la vertu, serait à peine possible » (1).

Donc la dureté, le danger sont indispensables pour fortifier le fort, car ce sont les conditions nécessaires, sous lesquelles « la plante homme » s'est développée le plus vigoureusement jusqu'ici (2).

C'est pour cela que Nietzsche souhaite à ses disciples des souffrances, des maux de toute sorte comme épreuve de leur force (3).

En considérant le mal comme moyen indispensable de sélection, Nietzsche croit s'opposer à Spencer, qui cependant est plutôt d'accord avec lui (4) ; il se croit en opposition avec « tous ces glorificateurs du côté utilitaire de la sélection qui croient connaître les circonstances favorables à la sélection et qui, au nombre de ces circonstances, ne comptent pas le mal » (5).

La profonde antipathie que ces doctrines uti-

(1) *W.*, V, 57.
(2) *W.*, VII, 64.
(3) *W.*, XV, 461 ; *Biogr.*, II, 799.
(3) Passage déjà cité : *Intr.*, 369.
(4) *W.*, XII, 95, 96.

litaires de la morale anglaise produisent chez Nietzsche ressort de plusieurs passages. Il dit par exemple : « Il y a maintenant une doctrine de la morale foncièrement erronée, doctrine surtout très fêtée en Angleterre : d'après elle les jugements de « bien » et de « mal » sont l'accumulation des expériences sur ce qui est « opportun » et « inopportun »; d'après elle, ce qui est appelé « bien » conserve l'espèce, ce qui est appelé « mal » est nuisible à l'espèce. Mais en réalité les mauvais instincts sont opportuns, conservateurs de l'espèce et indispensables au même titre que les bons » (1).

Ces glorificateurs du « bien » oublient que « ce qui est un poison pour les faibles est un fortifiant pour les forts » (2) et que « les intellectuels, étant les plus forts, trouvent leur bonheur là où d'autres périssent, dans le labyrinthe, dans la dureté envers soi-même et les autres, dans la tentation » (3), parce qu'ils savent que

(1) W., V, 41, 42.
(2) W., V, 57.
(3) W., VIII, 302.

« le secret pour moissonner l'existence la plus
féconde et la plus grande jouissance de la vie,
c'est de vivre dangereusement » (1).

Donc le mal ne fait qu'augmenter la force de
celui qui est capable de le supporter. « Ce qui
ne nous fait pas périr nous rend plus forts » (2).

Pendant la troisième période de sa vie littéraire, Nietzsche a trouvé dans l' « éternel retour », « doctrine qui passe les hommes au
crible » (3), un autre moyen de sélectionner
l'humanité. Il appelle cette doctrine « la grande
pensée sélectrice ». Il croit qu'elle donnera à
beaucoup d'hommes le droit de se supprimer (4).

Ce ne seront que les hommes d'élite les hommes qui préparent la venue du « Surhumain » et
le « Surhumain » lui-même qui seront capables
de supporter tout le poids de cette doctrine, éliminatrice des faibles (5). Même des races tout

(1) W., V, 215.
(2) *Corresp.*, I, 490 ; W., VIII. 62 ; XV, 467.
(3) W., XV, 33.
(4) W., XV, 403.
(5) W., XII, 313.

entières, incapables de supporter cette doctrine, périront, tandis que celles qui l'éprouveront comme le plus grand bienfait seront destinées à régner sur la terre (1).

(1) *W.*, XV, 403.

L'ORIGINE DES ESPÈCES SE FAIT-ELLE PAR VOIE
DE SÉLECTION ?

Nietzsche connaît les objections qu'on a faites à Darwin à l'égard de l'origine des espèces par voie de sélection. Pour combattre Darwin, il se sert de l'objection la plus grave, répétée toujours de nouveau par tous les naturalistes et philosophes anti-darwiniens, objection dont, du reste, même les plus convaincus des darwiniens ne peuvent pas nier le bien-fondé.

Les anti-darwiniens, et Nietzsche avec eux, soutiennent que la sélection naturelle, basée sur la lutte pour l'existence, tout en éliminant les mal adaptés, ne fera jamais naître une nouvelle espèce, car au premier stade de développement un organe, une qualité ne peut pas être

utile à l'animal. Nietzsche dit à cet égard :
« L'utilité d'un organe n'en explique pas l'origine, tout au contraire. Durant qu'une qualité
se forme, elle ne conserve pas l'individu et elle
ne lui est point utile » (1).

Nietzsche sait que Darwin attribue l'apparition d'un nouveau caractère au hasard, et que
parmi ces caractères il ne se sert, pour édifier
sa théorie, que de ceux qui sont avantageux.
Comme Rolph (2), il voit là un des points faibles
de la théorie darwinienne, et il se demande :
« Comment un changement fortuit peut-il être
avantageux ? » (3)

Malgré cette critique, adressée au rôle du
hasard dans la théorie de Darwin, ce « grand
enfant d'Héraclite » (4) a une part assez importante dans la philosophie de Nietzsche, et les
passages où il surgit comme facteur transformateur sont nombreux.

Le fameux exemple si controversé de la for-

(1) W., XV, 341, 342.
(2) *Biolog. Probl.*, 102.
(3) W., XV, 347.
(4) W., VII, 381.

mation de l'œil se trouve chez Nietzsche comme un moyen de nier les causes finales dans la nature. Il soutient : « La nature ne fait rien en vue d'un but. » Jusqu'ici, l'on peut bien être d'accord avec lui, mais il continue : « La vue s'est au contraire manifestée, lorsque le hasard eut constitué l'appareil » (1). Il saute aux yeux qu'ici le hasard joue tout à fait le même rôle que chez Darwin, c'est-à-dire sert à « expliquer » l'apparition d'un caractère avantageux.

Voilà donc Nietzsche se montrant darwinien par excellence et en même temps antipode de Lamarck. Il me semble même que c'est le passage le plus anti-lamarckien de toute l'œuvre de Nietzsche.

Quoique Nietzsche appelle le hasard « la loi du non-sens dans l'économie humaine » (2), il s'en sert très souvent comme subterfuge. Il constate que « le type de valeur supérieure s'est déjà vu souvent, mais comme un hasard » (3).

(1) W., IV, 125.
(2) W., VII, 88.
(3) W., VIII, 218.

De même les conditions nécessaires à la production d'une espèce plus forte ont déjà été réalisées çà et là, mais par hasard (1). Enfin le génie n'est, à ses yeux, que le résultat de coups heureux (2).

§

Dans les fragments de *la Volonté de puissance* Nietzsche nie à plusieurs reprises la sélection naturelle en faveur des forts, des bien venus, en ajoutant : « J'incline à croire que l'école de Darwin s'est partout trompée » (3). Et — fruit du scepticisme et du nihilisme de sa dernière période — il va même jusqu'à nier la sélection naturelle en bloc, en prétendant qu'« on ne trouve nulle part d'exemples de sélection inconsciente — en aucune façon » (4).

(1) *W.*, XV, 413.
(2) *W.*, XI, 347.
(3) *W.*, XV, 346.
(4) *W.*, XV, 343.

§

Mais ces quelques passages à part, j'espère bien que les nombreuses citations de ce chapitre ont suffisamment démontré qu'il faut compter Nietzsche parmi les sélectionnistes les plus résolus et les plus fervents.

VI

LA SÉLECTION SEXUELLE

Rütimeyer avait beaucoup d'objections à faire
contre la théorie de la sélection sexuelle de Darwin, idée que celui-ci avait d'ailleurs trouvée
chez son grand-père, Erasme Darwin. Nietzsche,
à son exemple, rejette également cette théorie
sous sa forme darwinienne du choix du plus
beau mâle de la part de la femelle. Un tel choix
surpasserait même l'instinct esthétique de notre
propre race. L'observation quotidienne nous
démontre au contraire que l'animal le plus beau
s'accouple très souvent à un des plus déshérités,
et presque toujours nous voyons le mâle et la
femelle profiter de chaque occasion, qui s'offre
par hasard, sans se montrer difficile sur le
choix (1).

Nietzsche est donc d'avis que Darwin a beaucoup exagéré la valeur de la théorie de la sélection sexuelle et en a fait une application bien
trop vaste.

(1) *W.*, XV, 344.

§

Mais, malgré cela, le problème de la sélection sexuelle chez l'homme est une question que Nietzsche se pose assez souvent. Déjà sa correspondance nous donne la preuve qu'il prenait cette question très au sérieux.

Il conseille à son ami, le comte de Gersdorff (1), d'être aussi prudent que possible dans le choix d'une femme, car « il est affreux », ajoute-t-il, « de voir combien les hommes, liés à une créature inférieure, descendent et deviennent vulgaires ». Et dans une autre lettre (2), il lui apprend sa résolution de rester plutôt toujours seul que de lier un mariage de convenances.

(1) *Corresp.*, I, 316.
(2) *Corresp.*, I, 374.

LE MARIAGE ACTUEL

Nietzsche constate un manque de sélection dans notre mariage d'aujourd'hui. Il dit : « On ne devrait pas satisfaire l'instinct sexuel de sorte que la race souffre, c'est-à-dire qu'il n'y a plus de choix du tout, mais que tout s'accouple et engendre des enfants » (1).

Dans un aphorisme de *Morgenröte*, aphorisme qui enthousiasmait Brandes (2), Nietzsche émet l'opinion que c'est le hasard qui fait les mariages. Quoi d'étonnant que, « à la longue, il ne puisse rien résulter de l'humanité ; les individus sont gaspillés, le hasard des mariages rend impossible toute raison d'une grande ascension

(1) *W.*, XI, 323, 324.
(2) *Corresp.*, III, 1, 290.

de l'humanité » (1). Et très souvent le mariage n'est même pas autre chose qu'une « affaire d'argent et de titre » (2).

Le mariage actuel est donc jugé par Nietzsche d'une manière très sévère. Il l'appelle un étranglement (3) et se sert des expressions les plus fortes pour en montrer son profond dégoût.

C'est par la bouche de Zarathoustra qu'il nous apprend ce que ceux qui sont de trop, ces superflus, appellent mariages. « Comment appellerai-je cela ? » — ajoute-t-il ! « Hélas! cette pauvreté de l'âme à deux ! Hélas! cette ordure de l'âme à deux ! Hélas ! ce misérable contentement à deux ! » (4)

Comme le passage cité de sa correspondance avec le comte de Gersdorff, un passage des fragments insiste également sur ce qu'une union si étroite avec une femme entrave le développement viril (5). Car, en ce qui concerne l'intelli-

(1) W., IV, 156.
(2) W., XI, 31.
(3) W., XI, 324.
(4) W., VI, 99.
(5) W.. XI, 324.

gence de la femme, le choix de l'homme laisse d'ordinaire beaucoup à désirer. Zarathoustra ne nous apprend donc rien de rare et d'exceptionnel, lorsqu'il s'écrie : « Cet homme me semblait respectable et mûr pour saisir le sens de la terre, mais lorsque je vis sa femme, la terre me sembla une demeure pour les insensés » (1).

Ce manque de choix à l'égard de la culture intellectuelle de la femme se montre même dans la littérature, où les poètes et les romanciers attribuent aux hommes les plus intelligents et les plus cultivés une prédilection pour les femmes du peuple simples d'esprit et sans aucune culture intellectuelle, le goût de Faust pour Marguerite. Et Nietzsche ajoute que, à coup sûr, ce n'est pas là une preuve du bon goût de notre siècle et de ses hommes les plus cultivés (2).

Et quant au choix de la femme, l'essentiel est pour elle la protection de la part de l'homme. Elle veut vivre en toute tranquillité, sans se faire

(1) *W.*, VI, 99.
(2) *W.*, XII, 405.

de soucis, et l'homme qui lui offre cette possibilité est accepté par elle, même s'il est laid (1).

Personne ne contestera que cette assertion ne soit une généralisation un peu superficielle, qui ne correspond guère aux faits, mais Nietzsche la soutient et en tire cette conclusion que le caractère de l'homme est plus tourné vers l'idéal que celui de la femme, chez laquelle l'intelligence pratique prédomine (2).

Ce qui lui déplaît le plus dans nos lois de mariage actuelles, c'est qu'elles insistent sur le droit de l'homme. Il dit à cet égard : « Je n'aime pas votre loi de mariage. J'ai un dégoût de son doigt maladroit qui vise le droit de l'homme. Je voudrais que vous parliez d'un droit au mariage et que vous ne le donniez que comme un droit rare : mais dans le mariage il n'y a que des devoirs et pas de droits » (3).

§

Le jugement final du mariage actuel, auquel Nietzsche aboutit, est donc très défavorable.

(1 et 2) W., XI, 31.
(3) W., XII, 225.

« La plupart des mariages ne sont-ils pas faits
de telle sorte que l'on ne désire pas avoir pour
témoin une troisième personne? Et cette troisième personne ne manque généralement pas —
c'est l'enfant — elle est plus que le témoin, elle
est le bouc émissaire ! » (1) Et Zarathoustra, le
prophète du mariage de l'avenir, nous adresse
cette prière : « Ne riez pas de pareils mariages.
Quel est l'enfant qui n'aurait pas raison de pleu-
rer sur ses parents ? » (2)

§

Il y a dans l'œuvre de Nietzsche un passage,
où il interprète le darwinisme d'une manière
vraiment grossière, à la façon des adversaires
de Darwin les plus ignorants. Il y appelle le darwinisme « une philosophie pour les bouchers »
et se demande « s'il est vrai que les femmes
n'aient de goût et d'affection que pour les bouchers les plus forts » (3).

(1) *W.*, IV, 157.
(2) *W.*, VI, 99.
(3) *W.*, XI, 16.

Une telle interprétation des théories de Darwin prouve que Nietzsche ne les a pas trop bien comprises et quoiqu'il appelle ici Darwin « le grand Darwin » et accuse Häckel, Strauss et d'autres d'avoir exagéré le « côté brutal du darwinisme » — on ne sait d'ailleurs pas avec quelle raison — il y a maints passages analogues, quoique moins « hardis », où il attribue de pareilles idées à Darwin.

Qu'on se rappelle par exemple le passage, où Nietzsche prétend que « le résultat des luttes est au détriment des forts » et où il ajoute : « Darwin a oublié l'esprit » (1). Cette assertion est également peu fondée, car Darwin n'a nullement oublié l'esprit. A ses yeux, la force physique n'est pas le seul facteur sélectif qui compte et qui l'emporte nécessairement sur les autres; il apprécie à sa juste valeur l'autre facteur sélectif principal qui égale en importance le premier, s'il ne le dépasse : c'est-à-dire l'intelligence.

(1) W., VIII, 128.

LE MARIAGE DE L'AVENIR

Considérant le mariage actuel, dans lequel le rôle principal incombe au hasard, Nietzsche insiste sur la necessité de prendre le mariage plus au sérieux (1), d'y attacher une importance beaucoup plus grande (2).

Il parle parfois de ce mariage de l'avenir avec un grand enthousiasme. C'est dans un des plus beaux discours de Zarathoustra, discours surpassant la beauté des psaumes, que Nietzsche fait avec une éloquence incomparable l'apologie de ce nouveau mariage idéal (3).

Et qu'entend-il par ce mariage de l'avenir ? Dans *Menschliches Allzumenschliches*, il l'ap-

(1) *W.*, XII, 107.
(2) *W.*, IV, 157.
(3) *W.*, VI, 98 : *De l'enfant et du mariage.*

pelle l'union des âmes de deux êtres humains de sexe différent » (1), et dans *Zarathoustra* il le définit : « La volonté à deux de créer l'être unique qui dépassera ceux qui l'ont créé » (2).

Et pourquoi cette volonté, ce désir de se surpasser dans ses enfants? Parce qu' « il y a de l'amertume dans le calice », répond Nietzsche, « même dans le calice du meilleur amour ». C'est pourquoi « vous devez aimer par-delà vous-mêmes » (3), car « il ne faut pas seulement vous multiplier, mais vous élever — ô mes frères, que vous soyez aidés en cela par le jardin du mariage » (4).

§

Nietzsche nous apprend les conditions essentielles pour la réalisation de ce mariage de l'avenir. Il pose comme condition principale une bonne santé (5). Il trouverait indispensable

(1) W., II, 315.
(2) W., VI, 99.
(3) W., VI, 99.
(4) W., VI, 304.
(5) W., XI, 69.

qu'une consultation eût lieu chez le médecin avant la conclusion du mariage (1).

Ce desideratum a d'ailleurs déjà été réalisé dans plusieurs États de l'Amérique du Nord, où le sélectionnisme a trouvé le meilleur sol pour s'implanter et où il s'est développé avec une rapidité vraiment surprenante (2). Ici encore le rôle le plus important incombe au médecin, qui peut se faire le bienfaiteur et le vrai sauveur de l'humanité par la reconstitution d'une aristocratie de corps et d'esprit, en faisant et en empêchant les mariages (3).

(1) *W.*, XIV, 248.

(2) L'influence de Nietzsche sur le sélectionnisme moderne, florissant surtout en Angleterre et en Amérique du Nord, est incontestable. Parmi les auteurs sélectionnistes, c'est *Schallmeyer* qui s'appuie le plus sur Nietzsche et le cite très souvent et, chose remarquable, il le fait dans un livre scientifique : *Vererbung und Auslese im Lebenslauf der Völker*, 1903, pp. 152, 226, 231, 243. *Ammon*, tout en regrettant qu'une si pénétrante intelligence ait sombré dans la nuit éternelle (*l'Ordre social*, 234, 235), se déclare contre la dureté de cœur que manifeste la philosophie de Nietzsche et considère sa culture comme très incomplète (71). *Lapouge*, chez qui d'ailleurs les analogies avec les idées de Nietzsche sont extrêmement nombreuses (*Sélection sociale*, 443, 457, 480, 487), ne donne que le nom (470), et *Kidd* ne le mentionne même pas dans *Social-evolution*, peut-être, comme Schallmeyer suppose, à cause de sa religiosité.

(3) *W.*, II, 230.

12

Pour éviter les longues unions entre des personnes qui ne s'entendent pas, Nietzsche conseille le mariage à l'épreuve (1). Zarathoustra dit à cet égard : « J'ai toujours trouvé que ceux qui étaient mal assortis étaient altérés de la pire vengeance : ils se vengent sur tout le monde de ce qu'ils ne peuvent plus marcher séparément. C'est pourquoi je veux que ceux qui sont de bonne foi disent : « Nous nous aimons, veillons à nous garder en affection ! Ou bien notre promesse serait-elle une méprise ?

— Donnez-nous un délai, une petite union pour que nous voyions si nous sommes capables d'une longue union ! C'est une grande chose que d'être toujours à deux! » (2)

§

Le but du mariage de l'avenir est double : il doit nous aider à atteindre un degré de développement plus élevé et il doit être le moyen de

(1) W., XIV, 248.
(2) W., VI, 304.

créer une progéniture supérieure (1). Ni l'un ni l'autre de ces deux points n'a été suffisamment pris en considération jusqu'ici. Quel est l'homme qui, en contractant un mariage, pense qu' « il pourrait, par la procréation, préparer une vie plus victorieuse encore » (2) ? La réalisation de ce point est une des tâches auxquelles se voue aujourd'hui une grande société anglaise, la *Eugenics Society*.

A cet égard, il y a une analogie frappante à constater entre les idées de Nietzsche et celles de Malwida von Meysenbug, dont la bibliothèque de Nietzsche contient les *Mémoires d'une idéaliste* en allemand, ainsi que dans la traduction française.

Après avoir parlé de la légende qui raconte qu'une reine de l'Orient, femme parfaite de corps et d'esprit, était venue chez Alexandre le Grand pour concevoir de lui un fils, image parfaite de l'humanité, elle continue : « et nous étions d'ac-

(1) W., XI, 324.
(2) W., IV, 156.

cord que ce n'est que de cette manière que peut naître une humanité plus noble » (1).

Une influence de Nietzsche sur Malwida von Meysenbug à cet égard n'est pas possible, car elle a écrit les *Mémoires* avant d'avoir fait la connaissance de Nietzsche. La priorité de l'idée appartient donc plutôt à Malwida von Meysenbug.

§

C'est presque une banalité de dire que pour les plus cultivés le choix est le plus difficile. Eux sont l'exception, et même s'ils se cherchent, très souvent ils ne se trouvent pas. C'est pourquoi « les meilleurs se retirent sans enfants » (2). Pour améliorer la race, Nietzsche est d'avis qu'on devrait donner aux hommes les plus distingués le droit d'avoir des enfants de plusieurs femmes. De même il faudrait permettre aux femmes les plus nobles d'avoir des enfants de différents hommes (3).

(1) *Mémoires d'une idéaliste*, tr. fr., III, 171.
2) W., XII, 215.
(3) W., XII, 107.

Par là Nietzsche se rapproche de très près de Platon qui énonce de pareilles idées concernant l'abolition du mariage et qui veut le remplacer par des unions exigées par l'État entre les hommes les plus courageux et les femmes les plus distinguées, afin de produire une belle progéniture (1).

§

Comme Gobineau (2) dans son *Essai sur l'inégalité des races humaines*, Nietzsche conseille comme moyen d'améliorer la race le croisement, c'est-à-dire le mariage entre des individus de peuples différents. Un des commandements qu'il prescrit à l'esprit libre est le suivant : « Choisis ta femme dans un autre peuple que le tien » (3).

(1) W., IX, 114.

(2) L'idée naïve que Gobineau se fait de la théorie de la sélection naturelle, confondue par lui avec la sélection sexuelle, ressort du passage suivant : « Une des idées maîtresses de cet ouvrage c'est la grande influence des mélanges ethniques, autrement dit des mariages entre des races diverses. — De là fut tirée la théorie de la sélection, devenue si célèbre entre les mains de Darwin, et plus encore de ses élèves. » (*Essai.* Avant-propos de la 2ᵉ édition, 1884, p. XV.)

(3) W., XI, 64.

Mais il reconnaît que les différences ne doivent
pas être trop profondes, car de tels croisements
entre des peuples longtemps éloignés l'un de
l'autre amènent, à son avis, le scepticisme (1) et
la laideur (2). En outre, il se rend bien compte
que le croisement entre des races différentes,
entre les races blanche, noire, jaune, ne donne
guère de bons résultats. Ces races croisées sont
généralement plus méchantes, plus cruelles.
plus inquiètes, parce que ce sont en même temps
des cultures croisées, des moralités croisées.

Ici, Nietzsche cite un fait, qui nous est com-
muniqué par Darwin (3), le fait que Livingstone
entendit un jour quelqu'un dire : « Dieu a créé
l'homme blanc, et Dieu a créé l'homme noir,
mais c'est le diable qui a créé les métis. » Ce mot,
Nietzsche le cite dans *Morgenröte* (4), et puisque, à l'exemple de Darwin dans le passage
cité un peu plus haut, il insiste sur la cruauté des
métis, je suis très disposée à admettre ici une

(1) *W.*, VII, 153, 154.
(2) *W.*, VIII, 70.
(3) *De la variation des animaux* etc., trad. franç., t. II, 23.
(4) *W.*, IV, 240.

influence directe de Darwin sur Nietzsche par la lecture de *la Variation des animaux et des plantes sous la domestication*, d'autant plus que Rütimeyer était plein d'admiration 'pour cet ouvrage.

§

En résumé, Nietzsche, en insistant avec beaucoup d'énergie sur une sélection sexuelle rigoureuse dans le mariage de l'avenir, tout en transformant considérablement la théorie darwinienne de la sélection sexuelle, marche tout de même sur les traces de Darwin ou, si l'on veut, même sur celles d'Erasme Darwin, chez lequel, comme on sait, son petit-fils avait trouvé le noyau de cette théorie.

VII

NIETZSCHE ET LA THÉORIE DES MUTATIONS DE DE VRIES

12.

Un des meilleurs critiques de Nietzsche, Raoul
Richter, est d'avis que l'idée nietzschéenne de
la « Surhumanité » s'entendrait beaucoup mieux
avec la théorie des mutations de De Vries qu'a-
vec l'évolution lente, le transformisme de Lamarck (1). Dans le chapitre suivant j'aurai l'occasion de démontrer pourquoi je ne peux pas
être de son avis. Mais il y a en effet des passages dans l'œuvre de Nietzsche qui nous font penser à cette théorie qui, depuis quelques années,
fait tant de bruit dans le monde scientifique (2).

Après tant de controverses que cette théorie

____

(1) R. Richter, *Friedrich Nietzsche*, 202.

(2) A mes yeux, la théorie des mutations n'est qu'un transformisme caché, voilé. Ce qui, d'après la théorie de l'évolution
continue, se manifeste à l'extérieur, la théorie de De Vries le fait
presque entièrement se passer à l'intérieur de l'organisme. La
théorie auxiliaire de De Vries d'une « période de prémutation »
admet une transformation chimique lente de la matière organique, et ce n'est que le résultat final de cette transformation in-
terne, qui se manifeste morphologiquement par une apparition
brusque.

du botaniste hollandais a provoquées, aujour-
d'hui le nombre des biologistes qui admettent
les mutations comme facteur évolutif est déjà
assez considérable et va en augmentant de jour
en jour.

Parmi les précurseurs de De Vries, on mentionne surtout Eimer, Korschinsky, Hofmeister (1), mais on oublie un autre naturaliste que
Nietzsche a lu et qui, botaniste lui aussi, admet,
sans la moindre équivoque, l'évolution par sauts
à côté de l'évolution continue : on oublie Nägeli.

Dans sa brochure sur *l'Origine et la définition de l'espèce en histoire naturelle,* il dit : « Le
second principe (2), selon sa nature, se manifeste davantage par des variations par sauts » (3).
Dans une note il s'exprime presque encore plus
nettement : « Cette formation de races se fait
tantôt par des variations graduelles, tantôt par

---

(1) Hofmeister est nommé à plusieurs reprises par De Vries
lui-même.

(2) Principe de perfectionnement.

(3) *Entstehung,* etc., 29. *Das zweite wirkt seiner Natur nach
mehr durch sprungweise Übergänge.*

des variations brusques » (1). Enfin, en conti-
nuant : « Jusqu'à ce que l'expérience connaisse
de tels sauts plus grands » (2), etc., il compte
déjà avec la découverte possible dans l'avenir de
cas d'évolution par sauts et prévoit ainsi les
observations et les découvertes de De Vries.

Même l'idée d'une « période de prémutation »,
qui joue un si grand rôle dans la théorie de
De Vries, se trouve déjà en germe chez Nägeli.
Il parle de « changements intérieurs qui amènent enfin nécessairement l'évolution morphologique » (3).

Cette idée des variations brusques est devenue familière à Nietzsche non seulement par la
lecture de Nägeli, mais par un autre des auteurs
biologistes qu'il a lus, c'est-à-dire par Rolph.
Cet auteur, avec sa théorie des périodes de prospérité comme cause de la formation de nouvelles

(1) *Entstehung*, 29. Diese Racenbildung geschieht bald durch
allmahlichen, bald durch sprungweisen Übergang.

(2) *Entstehung*, 30. Bis die Erfahrung solche grössere Sprunge
kennt, scheint es geboten, nicht über die Veränderung, wie sie
die Racenbildung lehrt, hinauszugehen.

(3) *Entstehung*, etc., 30.

variétés et espèces, est assez près de De Vries,
mais pour bien voir leur parenté scientifique, il
faut un peu savoir lire entre les lignes, et c'est
ce que Nietzsche a sans doute fait, car, chose
curieuse, il s'approche bien plus des idées de De
Vries que Rolph lui-même.

Le caractère essentiel de la théorie du botaniste hollandais, l'apparition soudaine de nouvelles propriétés, se montre beaucoup plus sail-
lant dans les idées de Nietzsche que dans celles
de Rolph. Que ce soit pourtant pour avoir suivi
les traces de Rolph que Nietzsche se rapproche de De Vries, c'est ce qui ressort de ce qu'il
parle de variations brusques presque toujours
dans les passages où il interprète les idées de
Rolph.

§

Déjà le développement rapide des Grecs lui
avait suggéré l'idée que, quoique dans toute la
nature règne la marche graduelle (1), il existe
des cas exceptionnels, où le développement se

(1) W., X, 155.

fait d'une manière rapide. Mais il se rend
compte que de tels cas d'un développement
rapide ne sont pas conformes à la règle et ne
s'accordent pas bien avec la théorie du transformisme. Cela ressort de deux passages. Dans
l'un il dit : « Je ne crois plus au « développement naturel » des Grecs ; ils étaient trop bien
doués pour évoluer de cette manière lente et
graduelle qui est celle de la pierre et de la sot-
tise » (1) et dans l'autre passage, après avoir
dit qu'ils étaient pourvus de dons trop multiples pour aller progressivement, pas à pas, à la
manière de la tortue, luttant à la course avec
Achille (2), il ajoute : « et c'est là ce qu'on
appelle développement naturel » (3).

Qui ne songerait à des variations brusques,
pareilles à des explosions, en lisant le passage, où
Nietzsche parle des « organismes les plus anciens
comme de processus chimiques lents, sujets à
exploser de temps en temps » (3).

(1) W., X, 150.
(2) et (3) W., II, 344.
(3) W., XII, 23.

Cette idée d'une explosion dans la matière vivante revient dans un autre passage de a même époque où il parle d'explosions dans les molécules (1).

En ce qui concerne l'apparition du génie, il est d'avis que « les grands hommes sont comme les grandes époques, des matières explosives » (2). Mais c'est surtout dans les deux passages suivants que Nietzsche, tout en marchant sur les traces de Rolph, s'approche de très près de De Vries. Après avoir parlé d'une aristocra- tie qui, après une période de lutte, arrive enfin à un état de bien-être et de prospérité, il conti- nue : « *D'un seul coup* se brisent les liens de la contrainte. La variation, soit sous forme de transformation (en quelque chose de plus haut, de plus fin, de plus rare), soit sous forme de dé- générescence ou de monstruosité, paraît *aussi- tôt* en scène *dans toute sa plénitude et sa splen- deur* » (3). Dans un passage analogue, il insiste

(1) *W.*, XII, 91.
(2) *W.*, VIII, 155.
(3) *W.*, VII, 246, 247.

sur l'apparition d'un grand nombre de variétés
et de monstruosités chez les animaux domesti-
ques bien nourris et soignés. Après, en démontrant l'analogie entre ces animaux sous la domestication et une société aristocratique en état
de prospérité, il continue : « *Tout d'un coup* se
montre dans la serre de leur culture un nombre
immense de variétés et de monstres » (1).

(1) *W*., XIV, 76.

PÉRIODE DE PRÉMUTATION

Il y a, dans l'œuvre de Nietzsche, plusieurs passages très curieux, dont on pourrait presque dire qu'il y parle d'une période de prémutation dans l'humanité.

Dans un de ces passages, il déclare l'apparition du génie une « espèce d'explosions d'énormes accumulations de forces », et il ajoute : « Leur condition première est toujours la longue attente de leur venue. L'humanité doit avoir longtemps économisé et accumulé les forces en vue de leur apparition, c'est-à-dire que, pendant longtemps, aucune explosion ne doit s'être produite » (1).

Cette supposition de Nietzsche qu'il existe des

(1) W., VIII, 155.

caractères latents dans l'humanité, qui se manifestent de temps en temps par une apparition soudaine, correspond à l'opinion de De Vries, qui admet l'existence de caractères latents dans l'organisme, caractères dont la manifestation morphologique se fait brusquement, sans que rien ne l'annonce et qui se produit par une cause quelconque, actuellement encore inconnue.

Dans un autre passage, qui fait partie d'un aphorisme qu'il a intitulé « Nos éruptions », cette hypothèse nietzschéenne de caractères restés latents pendant de longues périodes et qui tout d'un coup apparaissent sans cause définie, ressort avec encore plus d'évidence. « Il y a une infinité de choses », dit-il, « que l'humanité s'est appropriées pendant des stades antérieurs, mais d'une façon si faible et si embryonnaire que personne n'a pu en percevoir l'appropriation, des choses qui, longtemps plus tard, peut-être après des siècles, jaillissent *soudain* à la lumière; elles sont devenues fortes et mûres dans l'intervalle » (1).

(1) *W.*, V, 46, 47.

Nous avons tous, en nous « de telles plantations et de tels jardins inconnus ». Rien n'indique leur existence, mais les générations futures révéleront ce qui se cache aujourd'hui dans notre for intérieur. « Les petits-enfants apportent à la lumière l'âme de leurs grands-parents, cette âme, dont les grands-parents ne savaient rien encore » (1).

Voilà la quintessence de la théorie de De Vries dans son application à l'humanité. Mais, en comparaison des nombreux passages, où Nietzsche admet l'évolution lente, passages, en partie déjà cités dans les chapitres précédents et dont j'aurai l'occasion de citer encore quelques-uns dans le dernier chapitre de cet écrit, les passages qui plaident pour les variations brusques sont excessivement rares. Je suis donc très disposée à croire que Nietzsche n'admettait l'évolution par sauts que comme l'exception.

(1) *W.*, V, 47.

§

En résumé, Nietzsche, probablement influencé par Rolph et Nägeli, admet comme ce dernier des variations brusques à côté des transformations lentes et graduelles, mais plutôt comme des cas exceptionnels.

VIII

LE « SURHUMAIN » ET LE TRANS-FORMISME

L'idée du « Surhumain », considérée généralement comme une idée nietzschéenne par excellence, et dont Johannes Schlaf (1) ne saurait
assez admirer la hardiesse, se trouve chez un
des auteurs que Nietzsche a lus et dont il parle
très souvent avec un mépris profond (2). C'est
Dühring qui l'exprime avec une entière netteté
dans *la Valeur de la Vie.*

Après avoir envisagé la possibilité d'un anéantissement entier de l'humanité, il continue : « Au
contraire, tout le cours des choses annonce un
développement continu, qui, au lieu de faire de
l'humanité un cadavre, la transformera un jour
en une espèce ennoblie et organisée d'une manière considérablement différente » (3).

(1) J. Schlaf, *Der « Fall » Nietzsche,* 179.
(2) W., VII, 435 ; XI, 144 ; XII, 372, 421 : XIII, 18, 19.
(3) *Wert des Lebens,* 190 : — im Gegenteil deutet der ganze
Lauf der Dinge zunächst auf eine stetige Entwicklung, welche
die Menschheit einst, anstatt sie zu einem Leichnam zu machen,
in eine veredelte, erheblich anders ausgestattete Gattung überleiten wird.

Or, il me semble que la netteté avec laquelle Dühring énonce cette idée ne laisse rien à désirer. Nietzsche a lu *la Valeur de la vie* en 1875, et c'est à peu près à la même époque que, dans la dernière des *Unzeitgemässen* (2), surgit pour la première fois « l'homme de l'avenir » qui contient en germe l'idée du « Surhumain », idée aux contours encore flottants, qui devait revêtir des formes plus nettes beaucoup plus tard. Tout prouve que Nietzsche a lu avec beaucoup d'attention ce livre de Dühring, comme d'ailleurs presque tous les ouvrages de cet auteur (2). Il consacre même à sa critique des pages entières (3). C'est pourquoi il me paraît très probable que Nietzsche ait pris cette idée chez Dühring. Le mépris qu'il manifeste pour cet auteur ne plaide aucunement contre cette opinion ; c'est un fait certain qu'il se montre très souvent d'une ingratitude pas ordinaire précisément envers ceux qui lui ont donné le plus.

(1) W., I, 583.
(2) Voir Berthold.
(3) W., X, 379-391.

§

Dans *Ecce homo* (1), son dernier écrit, Nietzsche se plaint qu'on l'ait suspecté de darwinisme à cause du terme de « Surhumain ». Or, quoiqu'il le fasse pour une autre raison, il a quand même raison de se plaindre, car le « Surhumain » n'a en effet rien de commun avec le darwinisme proprement dit. Cette conception est la conséquence nécessaire de la théorie de l'évolution progressive, donc une idée essentiellement lamarckienne.

(1) *Ecce homo*, trad. franç., 76

LE CONCEPT DE L'ESPÈCE CHEZ NIETZSCHE

Tout le monde sait que les termes de variété, de race, d'espèce, appliqués aux animaux et aux plantes, ont quelque chose de très vague, de très flottant, et malheureusement ce vague se fait sentir presque encore davantage dans leur application à l'humanité. Ce manque d'exactitude en terminologie se montre également chez Nietzsche, fait qui d'ailleurs a déjà été constaté par Raoul Richter (1) à propos de l'expression nietzschéenne « eine Art Übermensch ».

Tantôt l'humanité tout entière est l'espèce « en chemin vers l'espèce supérieure » (2) — ici Nietzsche se montre d'accord avec la plupart des anthropologistes — tantôt il emploie ce terme dans

(1) *Fr. Nietzsche*, 203.
(2) *W.*, VI, 107.

un sens beaucoup plus restreint, en l'appliquant à des peuples; il appelle par exemple les Grecs une espèce des plus élevées (1).

Il n'est pas étonnant que ce vague de la terminologie se fasse parfois sentir d'une manière très fâcheuse et rende même assez souvent l'interprétation difficile et arbitraire.

(1) *Biogr.*, II, 806.

L'ÉVOLUTION LENTE : LE TRANSFORMISME

Le caractère essentiel du transformisme est la continuité. Nietzsche admet ce principe dans *Fröhliche Wissenschaft* (1), et dans *Der Wanderer und sein Schatten* (2) il adopte la maxime transformiste : « La nature ne fait pas de sauts. »

Il reconnaît en outre que l'évolution en général, tant cosmique que géologique, et plus particulièrement la transformation d'une espèce en une autre espèce, exige un laps de temps considérable. Cela ressort avec toute évidence du passage où il émet l'opinion qu'il faut expérimentalement vérifier les assertions de Darwin et où il dit

(1) *W.*, V, 154.
(2) *W.*, III, 303.

expressément : « Il faut organiser des expériences pour des milliers d'années » (1).

Nietzsche a lu plusieurs ouvrages qui traitent de l'humanité à l'état préhistorique : O: Caspari : *l'Histoire de l'humanité primitive* (2), et John Lubbock : *l'Origine de la civilisation et l'état primitif de l'humanité* (3), ouvrages qui font partie de sa bibliothèque.

Il est assez au courant des résultats de la paléontologie et de l'archéologie pour ne pas mettre en doute que « tout l'essentiel du développement humain se soit passé dans des temps reculés, bien avant ces quatre mille ans que nous connaissons à peu près » (4).

Il appelle le processus de la sélection un processus infiniment lent (5), et il escompte, pour sélectionner sa nouvelle aristocratie, des durées considérables. C'est pourquoi il trouve indispen-

(1) W., XII, 114.
(2) Caspari, *Die Urgeschichte der Menschheit.*
(3) J. Lubbock, *Die Entstehung der Civilisation und der Urzustand des Menschengeschlechts.*
(4) W., II, 19.
(5) W., XII 96.

sable, dans cette nouvelle noblesse, d'assurer à
la volonté des tyrans-philosophes et artistes une
durée millénaire (1). C'est en pétrissant de sa
main des milliers d'années comme de la cire (2)
que le futur législateur éprouvera la satisfaction, le bonheur suprêmes.

Donc, Nietzsche, convaincu que l'évolution se
fait en général d'une manière extrèmement lente,
surtout aux yeux de créatures aussi éphémères
que les hommes, admet plusieurs stades intermédiaires entre l'homme actuel et le « Surhumain »,
stades conformes à la formation de toute autre
espèce par voie de transformation lente à travers les phases : variété, race, espèce.

(1) *Biogr.*, II, 531.
(2) *W.*, VIII, 177.

LA BASE

Pour la formation de la nouvelle variété, c'est-à-dire de la nouvelle aristocratie de Nietzsche, il est indispensable de créer d'abord un large fondement, sur lequel pourra s'édifier l'espèce des hommes forts (1), car « une haute civilisation ne peut s'édifier que sur un terrain vaste, c'est-à-dire sur une médiocrité bien portante et fortement consolidée » (2).

Cette base, c'est l'humanité en tant que masse, c'est la société qui, d'après Nietzsche, « ne doit pas exister pour la société, mais seulement comme une substruction et un échafaudage, grâce à quoi des êtres d'élite pourront s'élever

(1) *W.*, XV, 415.
(2) *W.*, XV, 418.

jusqu'à une tâche plus noble et parvenir, en général, à une existence supérieure. Elle sera alors comparable à cette plante grimpante de Java — on l'appelle sipo matador — qui, avide de soleil, enserre de ses multiples lianes le tronc d'un chêne, jusqu'à ce qu'enfin elle s'élève bien au-dessus de lui, — mais appuyée sur ses branches, épanouissant sa couronne dans l'atmosphère pour étaler son bonheur aux yeux de tous » (1).

Cette base se composera d'hommes très intelligents (2), dont le devoir sera de se sacrifier aux hommes supérieurs. L'idée de la nécessité de ce sacrifice revient à plusieurs reprises dans les écrits de la dernière période de Nietzsche.

Les hommes supérieurs, au contraire, parce qu'ils représentent la ligne ascendante de la vie ont le droit d'être égoïstes et d'accepter ce sacrifice (3).

Le problème qui se pose est donc celui-ci : Ne

(1) W., VII, 237.
(2) *Biogr.*, II, 804.
(3) W., VIII, 140.

pourrait-on pas transformer une partie de l'humanité en une race ennoblie aux dépens des autres hommes? (1)

Il va sans dire que, comme la plante souche se maintient souvent très longtemps à côté de la nouvelle variété, cette base, étant absolument nécessaire à l'existence de l'élite, doit continuer à exister à côté de la nouvelle aristocratie. C'est pourquoi Nietzsche est d'avis que ce serait la plus grande absurdité de la part de l'exception de faire la guerre à la règle, parce que « la continuation de la règle est une condition pour la valeur de l'exception » (2). Et en présence de la nécessité de cette masse d'hommes médiocres, « la haine contre la médiocrité n'est pas digne d'un philosophe, car précisément parce qu'il est l'exception, c'est son devoir de protéger la règle, de conserver à tous les médiocres leur bonne foi en eux-mêmes » (3).

L'ancienne idée de la première période de

(1) *W.*, XII, 189.
(2) *W.*, XV, 431.
(3) *Biogr.*, II, 798, 799, et *W.*, XV, 431.

Nietzsche, qui proclamait l'esclavage indispensable à une haute culture (1), réapparaît donc ici considérablement transformée (2).

(1) W'., IX, 98.

(2) Cette idée de la nécessité de l'esclavage en vue de rendre possible une haute culture se répand de plus en plus chez les sociologues et surtout chez les sélectionnistes parmi eux. Benj. Kidd, dans *Social-evolution,* l'appelle une institution des plus naturelles et même des plus raisonnables à un certain point de vue (103). Voir en outre Freeman, *Histoire du Fédéralisme,* t. I, chap. II, Lapouge, *l'Aryen,* 487.

LA NOUVELLE VARIÉTÉ : ARISTOCRATIE

Sur cette base s'élèvera la nouvelle noblesse (1), une noblesse forte de corps et d'esprit. Pour accélérer la formation et le développement de cette nouvelle aristocratie, Nietzsche préconise l'organisation d'associations internationales (2). Une pareille idée surgit déjà dans les fragments de la première période, où il dit : « Une association d'un grand centre d'hommes pour la production d'hommes supérieurs est la tâche de l'avenir » (3).

Ces associations internationales auront à élever cette aristocratie à l'aide de l'auto-législation

(1) W., VI, 292; XII, 318.
(2) *Biogr.*, II, 531, *Internationale Geschlechtsverbände*.
(3) W., X, 377.

la plus dure (1). Et ces hommes d'élite, grâce à leur surplus de volonté, de savoir, de richesse et d'influence, ces hommes hardis et dominateurs (2) se serviront de l'Europe démocratique comme de leur instrument le plus docile et le plus mobile pour diriger les destinées de la terre, pour transformer l'homme lui-même en artiste (3).

(1) *Biogr.*, II, 531.
(2) *Biogr.*, II, 804.
(3) *Biogr.*, II, 531.

LA NOUVELLE RACE : RACE EUROPÉENNE PURE

De cette aristocratie naîtra une nouvelle race : la race européenne pure. Nietzsche constate comme règle que « toute élévation du type « homme » a été jusqu'à présent l'œuvre d'une société aristocratique, et il en sera toujours ainsi, l'œuvre d'une société qui a foi en une longue succession dans la hiérarchie, en une accentuation des différences de valeur d'homme à homme, et qui a besoin de l'esclavage dans un sens ou dans un autre » (1). Cette « caste nouvelle, destinée à régner sur l'Europe » (2), constituera par rapport à l'humanité actuelle une certaine espèce

(1) *W.*, VII, 235.
(2) *W.*, VII, 221.

d'hommes surhumains (1), mais ce n'est pas encore le « Surhumain ».

La venue de ces hommes supérieurs s'annonce déjà. « Il y a mille sentiers qui n'ont jamais été parcourus, mille contrées et mille terres cachées de la vie. L'homme et la terre des hommes n'ont pas encore été découverts et épuisés. Veillez et écoutez, solitaires : des souffles aux essors secrets viennent de l'avenir, un joyeux messager cherche de fines oreilles » (2).

Déjà maintenant il y a des cas isolés de ce type supérieur. « Solitaires d'aujourd'hui — vous formerez un jour un peuple choisi — et c'est de lui que naîtra le « Surhumain » (3).

Ce sont ces hommes supérieurs, « les hommes du grand désir, du grand dégoût, de la grande satiété » (4), que Zarathoustra, le « pont vers l'avenir » (5), reçoit comme messagers lui annonçant que d'autres plus forts, ses enfants bien-

---

(1) Eine *Art Übermensch.*
(2) W., VI, 109.
(3) W., VI, 110.
(4) W., VI, 407.
(5) W., VI, 201.

aimés, sont en chemin vers lui. Ce sont ces précurseurs d'un avenir encore non démontré (1),
ces enfants de l'avenir qui ne savent pas élire
domicile dans le moment d'aujourd'hui(2), ceux
qui méprisent, ceux qui désespèrent(3), ceux qui
sont pleins d'amour du lointain (4), qui pourraient se transformer en pères et en ancêtres du
« Surhumain » (5).

Le « bon Européen » d'aujourd'hui, « l'héri-
tier riche de plusieurs milliers d'années d'esprit
européen, mais aussi riche en obligations » (6),
n'est pas encore l'Européen pur, mais il nous
fait espérer que, pareille à la grande réussite du
peuple grec, « la création d'une race et d'une
culture européenne pure réussira également un
jour » (7).

Quant aux Grecs que Nietzsche déclare à plu-

(1) W., V, 342.
(2) W., V, 334.
(3) W., VI, 414, 415.
(4) W., VI, 84.
(5) W., VI, 119.
(6) W., V, 337.
(7) W., IV, 239, 240.

sieurs reprises « le seul peuple génial » (1), et « de toutes les races d'hommes la plus accomplie, la plus belle, la plus justement enviée, la plus séduisante, la plus entraînante vers la vie » (2), il change plus tard d'avis et loue les Romains aux frais des Grecs (3), comme d'ailleurs Gobineau (4), que Nietzsche aimait à lire.

Il considère maintenant les Grecs comme un peuple féminin ou féminisé parmi *les* peuples de génie, tandis qu'il déclare les Romains un peuple mâle (5), tout à fait comme Gobineau, qui dit que « les Romains sortaient d'une race mâle, les Grecs s'étaient féminisés » (6).

Un autre peuple mâle, d'après Nietzsche, ce sont les Juifs (7), à ses yeux « la race la plus ancienne et la plus pure en Europe » (8), « la

(1) *W*., X, 352.
(2) *W*., I, 2.
(3) *W*., VIII, 167.
(4) *Essai sur l'inégalité*, II, 233.
(5) *W*., VII, 217.
(6) *Essai*, II, 234, aussi I, 92.
(7) *W*., VII, 217.
(8) *W*., XIII, 331.

plus forte et la plus tenace » (1), les Juifs : « le génie moral parmi les peuples » (2).

Mais tandis que ces peuples étaient purs et le sont en partie restés, la race européenne, au contraire, a besoin d'une purification. C'est ce processus d'épuration qui s'annonce partout en Europe et dont Nietzsche voudrait accélérer le développement. Quant au résultat d'une telle épuration, Nietzsche constate que « les races épurées sont toujours devenues plus fortes et plus belles » (3).

Il ne faut pas croire cependant que ce nouveau degré supérieur de l'humanité réunira tous les avantages des degrés antérieurs (4), mais il aura « cette audace des races nobles, audace folle, absurde, spontanée » (5); il sera plus puissant, plus terrible, plus hardi que l'homme supé_ rieur actuel. Partout où Nietzsche parle de l'homme de l'avenir, co sont ces trois pro-

(1) W., VII, 219.
(2) W., V, 171.
(3) W., IV, 240.
(4) W., II, 226.
(5) W., VII, 322.

priétés : la puissance, la méchanceté, la hardiesse, qui surgissent comme ses traits caractéristiques et essentiels.

Un autre caractère essentiel de l'homme européen futur, c'est son rire, propriété qui manque encore aux hommes supérieurs d'aujourd'hui (1). Nietzsche se fait le glorificateur de la gaieté, de la sérénité, et Zarathoustra, le représentant de sa philosophie riante, lui qui porte la couronne du rire, une couronne de roses (2), attend avec un désir ardent des lions rieurs, cette synthèse de force et de sérénité (3).

En comparaison de l'homme actuel, qui a quelque chose de fragmentaire (4), l'Européen pur sera l'homme synthétique, l'homme complet, l'homme pareil à Napoléon, cette « synthèse d'inhumanité et de surhumanité » (5), pareil à Goethe, à Beethoven, à Stendhal, à Henri Heine, à Schopenhauer, hommes qui préparent cette

(1) *W.*, V, 187.
(2) *W.*, XII, 285.
(3) *W.*, VI, 407.
(4) *W.*, VI, 201.
(5) *W.*, VII, 337.

nouvelle synthèse et anticipent pour ainsi dire l'Européen de l'avenir (1).

Que Nietzsche pense surtout à une synthèse des facultés intellectuelles, c'est ce qui ressort d'un passage où il dit : « La tendance est à une synthèse du passé européen en types intellectuels d'une haute supériorité » (2).

Donc dans tout ce que l'humanité pourra faire « il ne s'agit que de la réalisation de l'homme synthétique » (3), et peut-être se manifestera-t-il chez lui « une nouvelle force, une synthèse de contrastes » (4).

(1) W., XIII, 357.
(2) W., XIII, 359.
(3) W., XV, 482.
(4) W., XIV, 45.

LA NOUVELLE ESPÈCE : LE « SURHUMAIN »

Enfin c'est de l'homme européen pur que naîtra l'espèce supérieure souveraine (1), cette nouvelle espèce, dont la réalisation sera la tâche de l'avenir, car « jamais encore il n'y a eu de « Surhumain » (2).

Il ressort de plusieurs passages que le « Surhumain » représente en effet une nouvelle espèce. « Notre chemin est ascensionnel : Il va de l'espèce à l'espèce supérieure » (3). Par rapport à l'homme actuel, le « Surhumain » sera ce que l'homme actuel est par rapport au singe (4).

L'homme actuel est donc « quelque chose qui

(1) *Biogr.*, II, 798.
(2) *W.*, VI, 130.
(3) *W.*, VI, 107.
(4) *W.*, VI, 9.

doit être surmonté », idée à laquelle Nietzsche attribue une très grande importance. La preuve en est qu'il l'appelle « la plus haute pensée » (1) et qu'elle revient très souvent dans *Zarathoustra* (2).

L'homme actuel n'est donc « pas un but, mais seulement une étape, un incident, un passage, une grande promesse » (3). Il est « comme un embryon de cet homme de l'avenir » (4), dont Nietzsche a la ferme conviction qu'il viendra. « Cet homme de l'avenir — il faut qu'il vienne un jour » (5).

C'est là le but où tend le désir ardent et la volonté de Zarathoustra. « Je n'aime donc plus que le pays de mes enfants, la terre inconnue parmi les mers lointaines : c'est elle que ma voile doit chercher sans cesse » (6). Et lui-même, le pont vers l'avenir, s'attache à l'homme, se lie à l'homme avec des chaînes, parce qu'il est attiré

(1) W., VI, 64.
(2) W., VI, 9, 64, 77, 287, 414 ; XII, 208.
(3) W., VII, 381 ; VI, 12.
(4) W., XII, 425.
(5) W., VII, 396.
(6) W., VI, 173.

vers le « Surhumain », où veut aller son autre
volonté (1).

Ce sont ces êtres surhumains, ces « troupes
d'oiseaux bien plus puissants que nous » que
Nietzsche voit en visionnaire dans l'aphorisme
final de *Morgenröte*, aphorisme d'une beauté de
langue suprême (2).

Et cette « espèce belle et nouvelle », prévue
par Zarathoustra (3), comment faut-il se l'ima-
giner? — Nietzsche n'en dit rien. Il nous apprend
seulement, se montrant par là excellent transformiste, que « les qualités du « Surhumain »
deviendront visibles graduellement » (4).

Mais quand l'homme aura atteint le degré
supérieur du « Surhumain », il continuera à
évoluer, car le « Surhumain » n'est que la marche prochaine dans l'évolution de l'homme (5),
lui qui est « l'être de l'éternel futur » (6).

(1) *W.*, VI, 206.
(2) *W.*, IV, 371, 372.
(3) *W.*, VI, 408; XII, 288.
(4) *W.*, XII, 231.
(5) *W.*, XII. 211.
(6) *W.*, VII, 431.

§

Il y a dans l'œuvre de Nietzsche quelques passages que je ne voudrais pas passer sous silence,
puisque je n'ai pas l'intention de dénaturer la
pensée de Nietzsche, en l'envisageant et en l'in-
terprétant à un point de vue par trop unilaté-
ral. Il me faut donc mentionner divers passages,
très rares d'ailleurs, qui ne s'accordent pas avec
la conception de la formation du « Surhumain »
par voie d'évolution lente.

Ces passages pourraient nous donner des
doutes sur le point de savoir si Nietzsche avait
réellement une conception claire de ce qu'il voulait représenter par son « Surhumain ». Un passage tel que le suivant : « Pour atteindre un
instant le « Surhumain », j'accepterais toute souffrance » (1) est comme la négation absolue de
la conception transformiste du « Surhumain ».
Dans *Morgenröte*, il y a un autre passage qui
donne beaucoup à réfléchir. « Quel que soit »,

(1) *Biogr.*, II, 528.

dit-il, « le degré de supériorité que puisse atteindre l'évolution humaine — et peut-être sera-t-elle à la fin inférieure à ce qu'elle a été au début ! — il n'y a point pour elle de passage dans un ordre supérieur » (1).

Si le premier passage, cité dans la *Biographie*, est la négation de la conception transformiste de la « Surhumanité », ce passage de *Morgenröte* est la négation absolue de l'évolution progressive. Ce dernier passage surtout est une manifestation aussi anti-lamarckienne que possible.

Cette tendance au scepticisme, à la négation, se fait sentir encore plus fortement dans deux passages de *Götzendämmerung*. Maintenant, Nietzsche déclare non seulement « le grand homme une fin » (2), mais il fixe aussi son point de vue vis-à-vis de la question de la « Surhumanité » avec une netteté qui ne laisse rien à désirer. « Je ne pose pas ici ce problème : Qu'est-ce qui doit remplacer l'humanité dans l'échelle des êtres ? — L'homme est une fin — » (3).

(1) *W.*, IV, 52.
(2) *W.*, VIII, 157.
(3) *W.*, VIII, 218.

En résumé, ces passages anti-évolutionnistes et anti-transformistes mis à part, Nietzsche conçoit une évolution de l'homme actuel vers la « Surhumanité » à travers les phases qui sont : 1° une nouvelle aristocratie, 2° une race européenne pure, 3° le « Surhumain ». Ces stades correspondent aux phases que traverse toute autre espèce évoluant vers une espèce supérieure par voie de transformation lente et qui sont : la variété, la race, l'espèce.

Nietzsche se montre par là transformiste. Son idée du « Surhumain » n'est donc pas seulement au point de vue de l'évolution progressive, mais spécialement aussi au point de vue du transformisme, c'est-à-dire de la théorie d'un développement lent et graduel de la matière vivante, une idée essentiellement lamarckienne.

CONCLUSION

Comment définirons-nous le résultat final de
nos considérations sur les relations de Nietzsche avec les théories biologiques contempo-
raines ?

J'espère avoir démontré par cet exposé que le
lamarckisme de Nietzsche est très prononcé.
C'est à tort que la plupart de ses critiques
ont cru darwiniennes dans Nietzsche beaucoup d'idées qui remontent à Lamarck. Nietzsche est lamarckien par son évolutionnisme et,
tout en niant la nécessité du progrès, se mettant par là en opposition diamétrale avec
Lamarck, sa conception du « Surhumain » est
pourtant le corollaire, la conséquence nécessaire
de la théorie lamarckienne de l'évolution progressive.

Son lamarckisme à demi inconscient se manifeste en outre par le fait qu'il admet la théorie
de la descendance simiesque de l'homme.

Nietzsche se montre enfin vrai disciple de Lamarck en admettant, explicitement ou implicitement, les théories fondamentales du transformisme : celle de l'adaptation au milieu, tant directe que fonctionnelle, et celle de l'hérédité des caractères acquis, théories qui sont toutes deux foncièrement lamarckiennes.

Nous ne disconviendrons pas d'une influence de Darwin sur Nietzsche, mais relative seulement à la théorie de la sélection. Cette influence des idées darwiniennes dans la philosophie de Nietzsche n'en reste pas moins importante. Non seulement le sélectionnisme occupe dans Nietzsche une place considérable, mais c'est, à mon avis, le côté de sa philosophie auquel dans l'avenir on attribuera une valeur de plus en plus grande, parce qu'on considérera sans doute toujours davantage la destinée de l'humanité comme dépendante en grande partie d'une sélection consciente et raisonnable des meilleurs, c'est-à-dire des plus forts de corps et d'esprit.

Quant aux passages anti-darwiniens et anti-lamarckiens de la dernière période de Nietzsche,

passages où il nie les théories biologiques en
bloc, il ne faut pas oublier qu'ils appartiennent
à l'époque où le scepticisme, le nihilisme de Nietzsche sont poussés à l'extrême. Ce scepticisme,
ce nihilisme outrés me semblent être une espèce
de désorganisation de la pensée, qui correspond
peut-être à une désorganisation réelle de la matière cérébrale, désorganisation chimique qui,
elle aussi, comme tout autre phénomène vital,
se fait d'une manière lente et graduelle.

On m'objectera peut-être que c'est là une
hypothèse un peu hardie. Mais en présence d'un
cas aussi compliqué que celui de Nietzsche, n'a-
t-on pas le droit de faire des hypothèses même
un peu hardies ?

En outre, n'est-il pas probable que l'auto-ana-
lyse exagérée de Nietzsche, que ce besoin vraiment
morbide de disséquer continuellement ses pen-
sées, ses sentiments, ses sensations, ne fasse pas
partie des indices, annonçant les premiers stades de développement d'une maladie cérébrale,
longtemps avant la crise finale ?

A mon avis, il serait même très intéressant

d'envisager le cas de Nietzsche à ces points de vue et de le comparer à d'autres cas analogues — ces cas existent — où, au début de son évolution, une maladie cérébrale s'est manifestée d'une manière pareille.

INDEX DES NOMS PROPRES
ET DES MATIÈRES

TABLE DES MATIÈRES

ACHEVÉ D'IMPRIMER

le vingt-huit avril mil neuf cent onze

PAR

BLAIS ET ROY

A POITIERS

pour le

MERCVRE

DE

FRANCE